世界的模样，
取决你凝视它
的目光

田文 著

中国华侨出版社

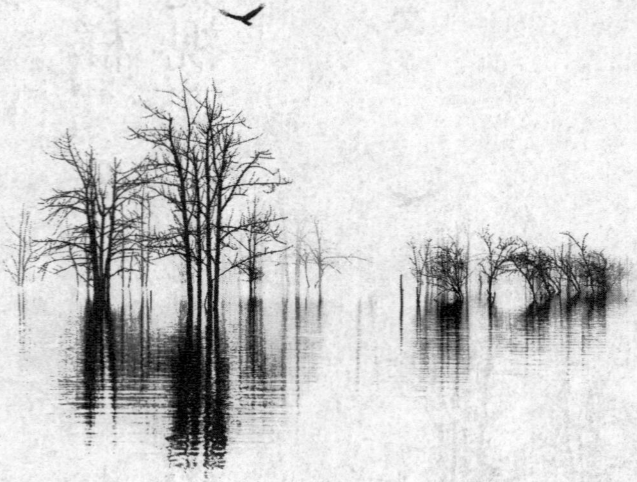

前 言

　　素有森林之王之称的狮子，拥有雄壮的体格、强大的力量，整个森林的动物都屈服在它的威力之下。然而，一件事情却让狮子困扰不已，以至于每天精神疲惫。有一天，狮子来到天神面前，说道："尊敬的天神，我很感谢您赐予我足够统治整个森林的能力。"

　　天神微笑着说："这是你今天见我的目的吗？你是不是有什么困扰？"

　　狮子立即抱怨说："虽然我有强大的力量，但是每天早上都会被鸡鸣声吓醒，请您赐予我不再被鸡鸣声吓醒的力量吧！"

　　天神说："我现在无法答复你，也许你见到大象就可以得到一个满意的答复。"

　　狮子立即跑到湖边去找大象，却看到大象气急败坏地一边跺着脚、一边摇晃着脑袋。狮子感到十分奇怪，问道："大象，你为什么发这么大的脾气？"

　　大象生气地说："一只可恶的蚊子总是想要钻进我的耳朵，让我奇痒难耐。"

　　狮子若有所思地离开了，心中不禁想到：原来体型巨大的大象，竟然对一只蚊子无可奈何。谁都会遇到麻烦事，天神无法帮助所有的人，我们只有依靠自己的能力，才能解决问题。

　　想到这里，狮子豁然开朗：既然麻烦无法避免，那么我还有什么好抱怨的呢？毕竟鸡鸣一天只有一次，而大象却无时无刻不受到蚊子的骚扰。既然我无法避免不被鸡鸣声吓醒，那么就乐观地看待它吧，或许每天被鸡鸣声叫醒，也是一件不错的事情。

卢梭曾经写道："人要是惧怕痛苦，惧怕种种疾病，惧怕不测的事件，惧怕生命的危险死亡，他就会什么也不能忍受了。"

的确，如果你的想法积极，那么即便身处困境之中，也会感到无限幸福和快乐；如果你的想法消极，那么即便你身处舒适环境之中，内心也备受煎熬。当我们感到疲惫的时候，当我们心有抱怨的时候，当我们遭遇失败的时候，当我们对自己的活法感到不满意的时候，或许这就是我们需要改变自己、改变想法的时候了。想法改变了，态度就会改变；态度改变了，活法就会改变，生活就会是另一番风景。抱怨根本无法解决问题，那么为什么不改变自己的想法，让自己更快乐一些呢？

改变想法只需让思维转个小弯，就会得到不一样的结果。曾经看到这样一个故事：大英图书馆修建了新楼，但是图书搬迁却成为了一个难题，如果将全部图书都搬到新楼，需要高达350万美元资金。正当馆长一筹莫展之时，一位年轻人表示自己仅需要150万美元就可以解决问题，但是前提是馆长不能干涉具体事宜。权衡之下，馆长答应了年轻人的要求。

年轻人仅仅在报纸上发布一条简单的广告：即日起，大英图书馆免费、无限量向市民借阅图书。条件是从老馆借出，还到新馆。就这样，年轻人轻而易举地解决了这个看似艰难无比的任务，还为自己赚取了大笔财富。

事情就是这么简单，只要你肯改变自己的想法。换个角度思考问题，不要让自己的思维走进死胡同，那么难题自然迎刃而解。

换一种想法，就换一种活法；多一种想法，就多一种活法。亲爱的朋友们，请记住，不要让任何事情限制自己的思维。当我们改变自己的想法，冲破自我设限的牢笼，那么生活就会更加精彩，眼中的世界就会更加绚丽多姿。

目录
CONTENTS

第一篇 / 态度不同，世界就有所不同

有的人终其一生也不知道自己究竟该怎么活，每天都被时间推着走，就像漂泊在汪洋中的小船一样随波逐流。其实，我们无法增加人生的长度，却可以拓展人生的宽度；我们无法选择自己的出身，却可以选择生活的态度。当我们端正自己的生活态度，思维的大门就会豁然打开，生活就会积极向上，我们的世界也会是另一番景象。

第一章 坚定内心，让你走出人生的迷雾

003 穿越迷茫，阳光就在眼前
007 踮起你的脚尖，努力望向美好
011 即便艰辛，也要向着阳光前行
015 人生不能只为了荣誉和奖励
018 明白你真正想要什么
022 勇敢一点点，人生就会不一样

第二章　行动起来，让你的生活更加充实

027　行动起来，否则一切都是空谈

031　做好一个积极的行动派

033　抛弃不切实际的空想

037　冲动与行动，有时只差一小步

041　储备知识，却更要有自己的想法

045　不是现实不够好，而是你太苛求完美

第三章　认识自我，让你打破生活的枷锁

049　你究竟想要怎么活

053　骄傲是一种自信，而不是自以为是

057　永远保持谦逊和进取的姿态

061　你是否给自己太大的压力

064　低下高高在上的头

067　逃避失败是弱者的选择

第四章　活在当下，让你好好爱现在的自己

071　和挥之不去的过去说再见

075　更努力的人，才能得到更多的回报

079　打开心窗，迎着阳光继续前行

083　心存美好是夏日的一剂清风

084　踏实生活，成为一个足够努力的人

第二篇／角度不同，命运就有所不同

很多时候，决定我们命运的不是性格，而是我们思考问题的角度，以及看待人生的思维角度。当我们习惯从固定的角度看待问题和生活时，就难以跳出思维的框框，使我们的思维限制在无形的围墙之中。不一样的思维角度，就会产生不一样的结果，何不换个角度来看待人生，也许就会越来越接近成功。

第五章　转个小弯，让生活有更多的惊喜

091　给自己一点独立的空间

093　把心腾出来，沐浴美好的阳光

097　别让爱与热情结成了冰

100　敢于将失去看成是一种幸福

103　细细地品尝幸福，享受弥久的时光

106　用心把握身边的那些美好

109　坏事情总有过去的一天

第六章　限制思维，会让你困在原地

112　关上一道门，打开另一扇窗

116　感激生活中的不顺与挫折

119 解除思维局限，从而获得幸福

122 给自己一次说走就走的旅行

125 换个角度，生活可以更美好

第七章 坚定梦想，决定了你人生的高度

128 乘着风追逐自己的梦想

133 没什么做不好，关键在于你的态度

135 每一次收获就是每一分的努力

138 相信自己是一个不可替代的人

140 良好的态度是万事的开端

143 坚定地飞向梦想的远方

146 满怀信心，让别人看到光彩夺目的你

149 在追求梦想的路上努力前行

第八章 改变自己，让你从失败走向成功

153 失败其实是你前进的机会

157 改变，收获别样的幸福与快乐

159 不要让抱怨左右你的情绪

163 羡慕别人不如努力改变自己

166 品味失败才能享受人生真正的滋味

168 不努力，即便是天才也枉然

170 逆着风的方向展翅飞翔

第三篇／想法不同，活法就有所不同

生命有很多姿态，人生也有很多活法。你可以庸庸碌碌地过一生，也可以拼搏奋斗地过一辈子；你可以苦苦追求不属于自己的东西，也可以简单快乐地生活。我们究竟想要什么样的活法？这都是由你的想法决定的。这就是为什么有些人看到的是黑夜，有些人却看到了繁星。

第九章　简单生活，让你尽情欣赏云卷云舒

175　简单同样也可以很精彩
180　简单而快乐地生活
183　用宁静的心拥抱世界
186　过得简单，活得快乐
189　顺其自然，美好就会不期而至
192　浮华后才是平淡
195　带上幸福的心态生活

第十章　拒绝悲观，避免让内心蒙上灰色

198　心中怀有一片光明的世界
201　悲观的人只能看见灰色
203　何必让琐事扰了你的心

206 每个人都应有所希望
209 多爱自己一点点
211 即便无人安慰，也要自己取悦自己

第十一章 拒绝浮躁，让你活得更加惬意

214 放慢自己匆忙的脚步
217 不要让繁忙琐碎缠绕
219 不放过任何一件简单的事情
223 只要内心平和，宁静就无处不在
225 时刻抱有淡泊之心
228 平淡和普通才是人生真谛

第十二章 想要更多，反而会让你越活越累

231 你知道自己要什么吗
234 开始了就要坚持走下去
236 失去的另一边也许就是得到
239 享受自己所拥有的幸福
241 越是想要得到就失去越多
243 勇敢并智慧地做出选择

第一篇
态度不同,世界就有所不同

有的人终其一生也不知道自己究竟该怎么活,每天都被时间推着走,就像漂泊在汪洋中的小船一样随波逐流。其实,我们无法增加人生的长度,却可以拓展人生的宽度;我们无法选择自己的出身,却可以选择生活的态度。当我们端正自己的生活态度,思维的大门就会豁然打开,生活就会积极向上,我们的世界也会是另一番景象。

第一章　坚定内心，让你走出人生的迷雾

迷茫是罂粟花妖冶的美丽，一旦上瘾，
慢性毒药便缓缓渗入肌理，终有一天会让人丢掉性命。
在茫茫的迷雾之中，我们只有坚定地走向心中向往的方向，
才有拨云见日的一天。
朋友们，请勇敢地追随自己内心的方向吧！

穿越迷茫，阳光就在眼前

行色匆匆地奔走在这个多姿多彩的世界，每个人都可能会遇到各种各样的问题。有人可能会因为面临新的工作挑战而如履薄冰，深感力不从心；也有人会因为初入职场而状况百出从而自我贬损、丧失自信；也有人即使已经在职场多年，却还会像职场新人那样感到迷茫；还有人即使工作顺利、财源滚滚、家庭和顺，却还是无法从当前的人生中收获一定的幸福感。

像很多人一样，我也对自己的人生有很高的期望。希望能够自由地按

照自己喜欢的方式来生活，在云卷云舒的清淡时日里，也能够感受到人生的一种向上的希望和力量。

但人生都不是完美的，总会在人生的交叉路口遇到各种各样的问题。大学毕业后未来发展的定位和选择问题，就已经让我焦头烂额了，本以为凭借一种理想主义的方式去生活，用尽力量追逐理想，就能够成功。但现实的残酷让我遇到各种挫折，虽是愈挫愈勇，却还是在这蹉跎中忍不住怀疑自己，甚至会陷入一种迷茫：付出这么多，到头来为什么却换不来满意的结局？

不顾家人和男友的反对，我选择了一条艰辛的求职之路，怀揣着一个传媒梦，希望自己有一天能够成为一个了不起的传媒界精英。一次次地满怀希望投递出简历，可每一次都石沉大海、杳无音信。在一次次的失败面前，我甚至有过要放弃的打算，但如果放弃的话，下一步该何去何从呢？又该怎么和当初那个义无反顾的自我交代？

幸运的是，两个多月之后，有一家公司愿意接受我，虽然是只有十几人的小公司，但于我而言，这已经是一个不错的工作机会了。本来以为找到工作就万事大吉了，接下来要做的事情无非就是好好工作，争取加薪升职，以证明自己，其他的都不用想。却没想到，工作中还是难逃各种各样的问题。每天顶着压力上班，面对不熟悉的业务，还有似乎永远也做不完的工作，成为北漂一族的我还要面临物质上的拮据。各种各样的压力面前，我感受到了个人的渺小和无助。

夜深人静的时刻，蜷缩在被窝里，悄悄地抹眼泪，我不禁自问：未来的路到底在哪里？

对很多初入职场的人来说，基本上对自己第一份工作满意程度较高的人寥寥无几。要么嫌薪资太少，要么觉得根本就是在浪费生命，丝毫不能体现自我的才华。很多企业不喜欢招聘毕业生也是这个原因。刚从学校走出来的大学生凭着一腔热血，觉得自己是个人才，在实际的工作中，却屡屡碰壁，遇到很多问题不能解决，处理起事情来也很不成熟；对很多事务性的工作，总是嗤之以鼻，觉得不做些惊天动地的大事，似乎就对不起自己的学识。这导致的一个结果就是：有工作经验的职场中人更容易赢得招聘者的青睐。

庆幸的是，我是以这样年少轻狂的姿态走过来的一个人，最终战胜了那个不谙世事的自我，直到现在，我也不认为自己是一个成功的人，只能说是一个从迷茫中挺过来的人。

一个关系很好的同事菲菲总是笑嘻嘻的，从不抱怨工作，跟我这个满腹牢骚的"怨女"完全不同。我问她为什么能这么坚定、快乐地工作，从来没有过迷茫。她却回答，其实她也经历过迷茫的阶段，一度曾经有轻生的念头。但现在的她长大了，她告诉自己，迷茫是人生中的一个报警器，告诉我们该在这个时候放缓人生的步伐，好好思考，再启程上路。

我知道，不管怎样，对待迷茫应该有一个积极的态度，就像菲菲给我的启示，即使我们会在人生中过得凄苦、孤单，找不到人生的意义，也要咬咬牙走过那个阶段，等再回望曾经经历的种种苦痛、挣扎，以前不能承受的那些伤痛都变得可以接受了。

如果将人生比喻成一段征程的话，迷茫就是这征程中不可避免遇到的第一个拦路虎，如果能够将其转换为人生的正能量，从对迷茫的思考中寻觅到人生的新方向，那崭新的人生就在眼前。但要是沉溺于迷茫带来的懈怠和懒散中，人生就如同一辆没有方向盘的汽车，只能落得个车毁人亡的下场。

迷茫是新旧人生的交汇点。崭新的人生始于迷茫，但又不止于迷茫。中国古人有句话叫"三十而立"，而30岁的小秦却在30岁的时候过着不上不下的日子。他在攻读完硕士学位时，在就业和继续深造之间犹疑徘徊，似乎总是不能确定哪种人生才是自己想要的，在迷茫的旋涡中越陷越深。最后看周围的同学都在考博士，就随波逐流，也选择了考博这条路。却不承想进入学术生涯中，他才发现自己既没有兴趣，也无法耐住性子进行枯燥而冗长的科研工作，在学术苦海中苦苦挣扎，每天被迫做自己不喜欢的科研项目，因为没有兴趣作为激发点，也鲜有什么大成绩，不过是在故纸堆里讨几口饭吃。

小秦是迷茫的一个牺牲品。实际上，迷茫不要紧，但不应该在迷茫的道路上越走越远，在人生迷茫的当口，要倾听自己内心的声音。如果小秦当初冷静思考，在这迷茫中拨开重重迷雾，顺从自己内心真实的声音，对学术生活多几分了解，肯定不会做出让自己抱憾终身的选择。可惜人生没有后悔药可买，不管我们是否有过悔恨，逝去的人生就再也回不来了。

所以，不要小瞧人生的某个选择或者际遇，而迷茫中正孕育着人生选择的无限可能性。正视迷茫而又超越迷茫，拒绝心无所向地度日，不要当一天和尚撞一天钟，这样的人生才有希望。

法国存在主义哲学家萨特有言"他人即地狱"，无法正视他人和自身的关系，他人是地狱，同理，人如果无法正视自我，那自我也会是自己最大的敌人和无法救赎的深渊。

有谁的人生不迷茫呢？没有谁是天生的智者，崭新的人生始于迷茫，超越迷茫之后，我相信每个人都是人生的强者，在温暖的太阳下沐浴光辉。相信迷茫就像是头顶暂时遮住太阳的乌云，它总是会消散的。

踮起你的脚尖，努力望向美好

迷茫的阴云从不定的内心消散之后，就是整理好心情，准备出发的时刻了。那种心无所向、惶惶度日的感觉折磨得人身心俱疲，甚至对人生的方向早已经没有把握的人，终归还是松了口气，能够继续踏上新的征程。

听过很多成功学的故事，知道成功背后必定充满心酸和血泪。一些出身于农村、相貌平平的人通过自己的成功，告诉世人，即使我平凡，我微不足道，但只要有方向，肯拼搏，幸运之神迟早会光顾的。当他们回头看看当年自己的经历，会不会潸然泪下，抑或是感慨万千呢？

一个熟识的同学也是这样的成功者。他从小学习成绩不好，总被老师训斥，父亲总说他这辈子也不会有大出息。他也曾自暴自弃，索性放任自流地生活，得过且过，不知道自己要追求什么，也不知道要过怎样的生活。后来他喜欢上了文学，在一次次地投稿被拒后，他没有气馁，终于成为了小有名气的作家。

每次怀着忐忑的心情寄出一次稿件，经过几天、几个星期的焦急等待，内心残存的希望一点点儿地被稀释，终于在某天彻底放弃了。偃旗息鼓之后又投入新一轮的拼搏中，新的稿件又被寄出去了。这时候压抑的内心才长长地舒了口气。如同一个死刑犯在刑场上本来面临的是必死无疑的结局，却不想在最后关头迎来一道特赦令。

他这样跟我描述自己投稿被拒的情形时，眼神中有些回忆过往的心酸。但他成功了，短暂的神伤后还是那自信的炯炯目光。总会有些艰难的时刻是需要我们咬着牙度过的，即便伤痕累累，也需要在这份困难中坚守内心，命运终会不枉此番努力的拼搏。

那些社会上的成功人士大都有着不堪回首的过往，曾经随波逐流的懵懂少年，最终成长为叱咤风云的商界精英。很多平凡的人，通过这样或者那样的方式获得了成功。只是当作对自己的一份证明吧，这成功在旁人看来也许没有那么伟大，但这是对自己过往努力拼搏的一次印证和奖赏，这已经足够了。

我们都喜欢励志的故事，尤其是那些小人物逆袭，最终成长为大人物的过程，格外叫人振奋。这是现实中我们对自己的一种激励，这么多励志的故事应该足以告诉我们拼搏的意义了吧。

我的发小儿婷总是跟我说起"后悔"这个词。我有些手足无措，不知道该怎么安慰她。她总是用一次比一次还要激烈的言辞否定自己，说如果当年不混日子的话，现在的自己也不会落到这个地步，工作一般，薪水不高还累得要死，没有能力为自己找工作，只能依靠家人的介绍谋得一份工作，而不得不与男朋友异地恋。这些累积的不幸和痛苦，她都将之归于自己当年的迷茫，还有浑浑噩噩的生活。

我总说，你现在开始拼搏吧，既然你已经知道自己的问题在哪里，就总比一辈子这样混下去要好得多。

她无奈地叹口气，说为时已晚了，感到很多机遇都过去了，再怎么努力也来不及了，就像是逝去的青春。她说优秀是一种习惯，相反，她的散漫也成为了一种习惯，改变的过程像是破茧的蝶一样，特别痛苦。

我面对悲观的情绪不知所措，尤其是对自己熟悉的人，有感同身受的悲伤，就难以作出强大有力的决断。她似乎感觉到我被她的坏情绪感染了，知趣地结束了谈话。

过了不久，她给我打电话，告诉我她近日来奋斗和拼搏的快乐，还有摆脱迷茫阴影后的安心。

每个人都该具有自救的能力，在困难面前，从来就没有救世主。不管别人有多强大的支持，最后还是要自己一个人经历生命的严酷考验。我庆幸婷做到了，即使我这个不怎么称职的朋友也难免沉湎于伤感，她竟然自己做到了，告别了过去灰色的日子。

平安夜去参加一个圣诞晚会，大家玩得很高兴，大快朵颐地享受着晚会上的美食，喝酒自是免不了的。一个醉酒的朋友告诉我，她又离婚了。这已经是她第三次离婚了，她不明白自己怎么就不能得到幸福呢。回想她的婚姻经历，前几任老公不是通过相亲认识的，就是通过朋友介绍的，她也是觉得差不多就结婚了，只要对方具备结婚的条件，却忽略了婚恋中最根本的要素是"爱"。她在婚姻生活中迷失了，最近都是借酒浇愁，孩子也送到了外婆家。

我耐心地安慰她，尽管我显得有点捉襟见肘，但我知道，她现在的无助和彷徨。

　　人生包含着很多不同的面向，不管你选择一种什么样的人生，都要有一个清晰的方向。就像是一艘在汪洋中远行的航船，如果无法掌握好航向，便只能在浩渺的海洋中迷失方向，最终被暴风雨吞噬。

　　如何选择人生的方向呢？总有些人喜欢提问。这是我所不能回答的。每个人只能为自己做出选择，就像是前面提到的两个朋友，只有自己去面对，自己去吞噬苦果，克服困难。

　　有人在事业巅峰和人生最为辉煌的时刻，放弃当下的生活方式，只为了享受闲云野鹤的生活，想要好好为自己的人生寻找多种可能性。这对于那些以事业为自己人生导向的人来说，不能不说是一种稍显懈怠的隐退。但那些昔日办公室白领化身为今日游走各地的乐游者的时候，他定会一笑而过，不多解释，懂的人自会懂的。

　　每个人都只能为自己立法，迷茫过后选择自己想要过的生活。

　　可能你会觉得自己各方面都不那么尽如人意，相貌平平，语不惊人，也算不上是才华横溢，性格也是不好不坏的，属于扔到人堆里马上就找不到的那种人。于是便会怀疑自己，不管如何努力克服迷茫情绪，进而拼搏进取，似乎总不能赢得幸运之神的光顾。

　　可是现实中很多人都很平凡，我们已经习惯用崇拜的目光看待那些成功者，却不知天鹅并不是一直美丽的，它也曾经是那个在暗影里顾影自怜的丑小鸭。抬头仰望星空，不管你是谁，所有人仰望的都是同一片璀璨，只要肯踮起脚尖望向美好，人生总有那么多可能的不可能会一一实现。

即便艰辛，也要向着阳光前行

北宋的王安石在《王临川集》中讲了"伤仲永"的故事，小时候每当我学习不认真的时候，妈妈就搬出这个故事，要我谨记仲永是怎么从一个神童而变成泯然众人的庸人的。

听着长辈的教诲，自然是要悉心受教的。即使从不自诩为天才的我，只要一想到从天上落到地下的那种巨大落差，还是会给我小小的心灵以不小的震撼。天才仲永只凭借着吃老本尚且不行，我这个智商和情商都是平均水平的人，从小就知道了后天努力的重要性。

仲永是在鲜花和掌声中沉沦了。众人的追捧，世俗的赞誉，这些都足以让一个幼小的孩子虚荣心爆棚，而终究被虚荣打败，不思进取，再无过人之处了。

每次去幼儿园接小侄子，见到那些年轻的父母亲们，对孩子基本是有求必应的，孩子犯了错误也很少及时纠正，只是睁一只眼闭一只眼，不去理睬。

我于是心里暗暗发誓，以后一定要做个虎妈。在孩子的教育上，温室花朵的培养方式终会扼杀一个有活力和独立的生命，更何况是人生的其他方面呢？如果是我的孩子犯了错误，我肯定会让他认识到自己错在哪里，然后纠正他，让他明白人生的道理。

海明威的小说《老人与海》讲了一个捕鱼的老人坚持每天捕鱼的故事。老渔夫在无边的海上捕鱼，好不容易捕获了一条大马林鱼，却因为沿途遭遇鲨鱼无功而返，大马林鱼只剩下了一副鱼骨架。

老渔夫具有不屈不挠的斗争精神，即使遭遇鲨鱼的围剿，也没有放弃大马林鱼，哪怕最终只落得被鲨鱼啃得精光的鱼骨头。狂躁不定的海面，艰难的捕鱼过程，还有不期而遇的威胁，这些艰难的因素都不能让老渔夫放弃。这种精神是超越时代并值得深思的。

而生活舒适的当代人呢？我们在安逸的生活中却常常犯了饱食终日无所事事的大毛病。

阿南原先是一个中学的老师，工作了七八年之后，实在受不了一眼望到头、从年轻就能看到退休的日子，于是毅然辞职北上，即使家人、朋友都表示不理解，觉得阿南是不想好好过日子。到了北京，阿南找到了一份文案策划的工作，生活压力很大，忙的时候甚至没日没夜地加班。开始的时候，阿南很不适应，甚至有些迷茫，他开始怀疑自己，当初的选择到底对不对？这样有工作没生活的日子是自己想要的吗？但后来，随着对新岗位的熟悉和工作的投入，阿南从快节奏中学会了如何处理生活和工作的关系，深感如鱼得水。他喜欢这份工作带给他的人生中不断充满新鲜感的感觉。

阿南是很多人中的一员，他的经历代表了很多有同样困惑的人。人生在面临抉择的时候似乎总是在刻意考验我们的承受能力，鱼与熊掌不可兼得，重要的是看我们希望过怎样的人生。

阿南的老婆不支持阿南，觉得在家乡生活很好，北京什么都贵，压力还大，老公的选择显然是自讨苦吃。但阿南说，他只是不想在这舒坦的日子中忘了自己是谁。

这让我想到了如今年轻群体中流行的两种流动方式：涌入"北上广"和逃离"北上广"。"北上广"就像是《奥德修斯》中迷人的女妖塞壬，一方面有美丽的歌喉让人陶醉，另一方面这歌喉又是伤人的武器。

其实在哪里生活并没有那么重要，就像是一个老师曾经告诉我的，重要的是你以怎样的方式来生活。多年来，坚持文人操守的老师在学术圈里并没有很高的知名度，发表的文章比起那些知名专家学者来可以说是屈指可数，很多人根本不认识他。但他仍然坚持自己对学术的追求，深入钻研，废寝忘食，从这份坚守中收获快乐。

如果说这是个没有英雄的时代，那么我想说的是，不在现实的名利面前沉沦的人，不在舒适和安逸中忘乎所以的人，就是真正的英雄。

生活有很多不同的面向，不管你是慢生活的身体力行者，还是快捷精英生活的追求者，都不要忘记在适度的原则指导下做好你自己，那样的你，才是一个成就了成功人生的人。

十年同学聚会是我们当年立下的约定，转眼间十年的岁月已经悄然而逝，前些日子怀着几分激动的心情，参加了高中同学十年之约的聚会。十年的变化真的很大，当年那个愤青一样的男同学，现在却甘于做倒买倒卖的生意，当年的文艺小青年如今是只为稻粱谋了。曾经的他是怀揣梦想的，立志要成为一个编剧。我问他当年不是很喜欢编剧本吗？他回答说做编剧在国内太辛苦，不像国外已经产业化了，能挣很多钱，国内编剧的收入实在对不起他们在一部剧作中的付出。

我听了骇然，不知道该怎么回答，只敷衍地说了句，你现在的日子不也很好，然后干笑两声，随即转移了话题。

确实，辛苦，这是很多人在人生旅途中的拦路虎，会改变很多人当初信誓旦旦的理想和追求，只一句"我也要生活"便可以轻松推诿掉放弃昨日的理想，继续与庸庸碌碌中麻木的生活为邻。

项羽若不是豪气万千，怎么在目睹秦始皇游会稽时，发出"彼可取而代之"的豪迈誓言？尽管最后落得个功败垂成，但却成就了历史上独一无二的楚霸王传奇，名垂青史，这显然也是一种成功。

我知道，总有那么一种人，明知山有虎，偏向虎山行，一旦在安乐窝中住下，便时刻警惕丧失人生奋斗目标的危险，总是警醒着要继续进行。这个安乐窝只是个临时的住所，从来都不是灵魂栖息的家园。

回家，这是让很多人魂牵梦绕的字眼。中国人骨子里的安土重迁，对人之本的大地的重视，还有对于家园的不忍舍弃，更是让我们对家有着异乎寻常的牵挂。但真正的家园是能够激人奋进的灵魂港湾，而不只是一个舒适的居所。

下沉的坠落总是比向上的攀爬来得轻松容易。很多人都愿意下沉，因为下沉简单而舒适，但下沉后的人消失在了舞台中；而向上攀爬的人，依然在漆黑的舞台中，为隐隐的光明而行动着，即使艰辛，但这艰辛中包含着抬头见到星空的喜悦，这份艰辛便值得了。

人生不能只为了荣誉和奖励

　　目的性强总不是什么坏事情，说得好不如做得好，而要做得好显然要依赖于良好的规划。没有规划的人生就像是一盘散沙，风一吹就散落了，了无痕迹。而如何规划人生却是个萦绕在每个人心头的大问题。

　　总是谈规划，把人生规划挂在嘴边的人未必就是什么成功人士。小张是初出茅庐的大学生，刚刚进入公司的时候，同事们都觉得小张直率可爱，单纯没有心机，同事关系处理得很融洽。但日子久了，主管就发现小张特别爱问一些没头没脑的问题，比如怎么能升职加薪，怎么发展自己的职业，以后的方向到底选什么。这叫主管头痛不已，心想小张好歹也是大学毕业生，怎么就不具备独立思考的能力，不能什么都问吧。过了不久，小张果然没有通过试用期就被公司解雇了。

　　如小张一样的人随处可见，这与年龄和阅历无关，有些人活了一大把年纪，似乎都不知道自己的人生要怎么过，却还是满脑子想着怎么能活得成功。这是一种好高骛远，或者说是一种过分渴望功利需求而内心空虚的人。

　　成天把怎么成功挂在嘴边，而不动用自己的头脑去思考人生的人，扰人也自扰。其实，小张这种人倒不算是太可怕。更可怕的是另外一种人，他们从不大声嚷嚷怎么成功，但有着满脑子的有关成功的规划和实际的行动力。每每我描述这种人的时候，朋友小贝总是半开玩笑道，你这纯粹是看人家太成功了眼红吧，这种人哪里可怕，又有能力，还有抱负。

大学中总有这么一类人，在我几年的大学生活里，我总与他们过着完全不同的人生。他们一入学似乎就目标明确，任何能够得到好处的活动总要插上一脚，不管是学生会、社联，还是校级、院级的活动中，总是能看到他们的身影，奖学金更是不在话下，什么校级的、国家级的，通通收入囊中，简历上的荣誉奖励两页纸都写不完。

同学白丽就是一个典型。我从来没忌妒过白丽的荣誉，甚至在这几年的大学生活中，和白丽一直保持着友好的关系。她参加过很多活动，我心中也很佩服她。毕业招聘的时候，有个实验中学来招聘，白丽顺利通过初试，复试的时候，面试官问她存在主义文学的问题，她吞吞吐吐半天才吐出"萨特"两个字，然后脸涨得通红，就支支吾吾不知道说什么了。

后来，她因为没有通过面试而与这所中学失之交臂。

白丽是优秀的，但是在那优秀的光环下，总是有些暗影时不时地跃出来，提醒我们：为成功打基础，赢得荣誉是值得赞许的，但人生不能只为了荣誉和奖励而活。

真正优秀的人，既要具备白丽对荣誉的热衷，又要注意提高自己的文化素养，最好有自己独特的兴趣爱好，而不是只为了获奖而去获奖。当我们垂垂老矣的时候，自己的人生不是一大堆空洞的奖杯和荣誉。

凡事都有个度，超过了适当的限度，而一味追求一种极致的话，最后反而会收到反效果。白丽要不是过于追求名利，也不会在四年的大学生活中陷入一轮又一轮活动的旋涡中，以致忘记思考真正的人生是什么，而自己要追求的到底是怎样的一种生活。

喜好传统文化的小贝喜欢那种超然物外的生活，他多年来倒也是活得潇洒，但难免散漫。在北京做职业编剧多年，快40岁了也不结婚，让小贝的妈妈急得逢人就说，让人给小贝介绍女朋友。但小贝根本不领情，为此还跟妈妈翻过两次脸。没有女朋友的小贝每天在北京跟圈子里的朋友混在一起，吃吃喝喝，好不潇洒，收到稿酬定是一场聚会或是一次旅行。

这种人生是豁得出去的人才能经受的。纵使潇洒如小贝，也会偶尔唏嘘长叹一声，难免发出几句人生寂寞的抱怨，作为多年好友，能做的只是倾听而已。

按中国传统文化的精神来看，要么你选择一种出世的生活，要么你选择一种入世的生活，"穷则独善其身，达则兼济天下。"但不管你选择的是哪一种生活方式，都不能够走得过于极端。

年少轻狂的我，总是容易对世事下断语，偶遇不平之事，发现社会的阴暗面，就觉得这社会糟糕得不得了，简直和人间地狱无异。男友对此表示很头疼，总是说我这人什么都好，就是容易走极端，对待事情非黑即白的态度让人很头疼。

我承认，这确实不是什么好个性。但是好在我有一颗善于反思的心，总是能够在一段时间内沉潜内心，静思近日来经历的事情，好好地进行一番自我教育。午后的大太阳底下，我坐在院子里的秋千上，舒缓地品着一杯浓郁的摩卡，微眯着双眼感受阳光的普照，感觉整个灵魂都要被净化了。

我们的人生需要时不时地安静下来进行反思，过于急功近利，绝对不是什么好事情,而太过淡然总免不了在枯槁的人生中消耗殆尽生命的激情。

最后,我祝福好朋友白丽和小贝能够走出不一样的人生,即使曾经过于执着,在今后的人生中,希望能凝神静思,怀着谦卑之心,回看过往的花开花谢。

本来无一物,何处惹尘埃。如果心胸开阔,便能保有一颗进取的心而不汲汲于名利,这是人生的一种大境界啊!

明白你真正想要什么

成功的人生需要规划,即使这规划并不一定符合所有人的期望,甚至可能会遭到诸多阻力,也要进行规划。

钟林是一个有追求的年轻人。大学毕业后他放弃了留在上海的机会,外企工作的诱人待遇丝毫没有动摇他。他说,他想要到西部去,到中国偏远的地方去支教,去帮助那些需要帮助的人。

可能有人觉得他肯定是吃喝不愁、家境优越吧,要是自己的生活尚且自顾不暇,又怎么能谈得上帮助别人呢?

事实却并非如此。钟林家里也是农村的,家境一般,父亲供他上完大学,又跟亲戚借了钱在上海郊区给他贷款买了房,本来老父亲想着儿子找到外企月薪上万元的工作了,借点钱,再省些也是能还上的,却没想到钟林竟然不声不响地放弃了工作。

钟林是一时心血来潮，头脑发热的决定，还是深思熟虑的结果呢？原来，村子里的很多孩子没能上大学，甚至中学没毕业就出去打工的经历让钟林感触很深，尤其他的两个弟弟出于经济原因也早早辍学了。

几年后，支教回来的钟林加入了一个社工组织，打算终身致力于为人民服务。他脸上总是流露出满足的笑容。

钟林的人生是在坚定的人生规划的驱使下进行的，他不想要浑浑噩噩地生活，不希望每天睁开眼睛四顾迷茫的感觉，人生要活就活得痛痛快快，每天苦挨度日，这样的生活没有什么意义。

那到底该如何规划人生呢？这是很多人尤其是青年人备感困惑的，不知道如何选择适合自己的人生，病急乱投医，容易陷入随波逐流中得过且过。

Cindy 一个人在北京坚持多年，就因为心中的一个梦，希望能在北京的文化圈子中多汲取营养，有一天成为一个真正的画家。家里人却觉得画画的工作太不稳定，接触的人也是鱼龙混杂的，便多次劝说 Cindy 回老家。

也许 Cindy 一辈子都成不了知名的画家，只能终日混迹于北京，为了理想而自我放逐；也许过不久，她就能够成功地举办自己的画展。但不管结果如何，她都要过这样的人生，因为这人生是她自己选择的，她甘之如饴。

放开手脚，思考下自己是一个怎样的人，什么样的人生是自己想要的，不受外界的干扰，这是自我规划的第一步，也是至关重要的一步。要是连你自己都不知道自己该何去何从，那注定要过一种迷茫而无所事事的人生，等到垂垂老矣的那一天，就只有洒出几滴悔过的泪水祭奠过去了。

我们知道父母都是为我们好，希望能好好为我们规划人生，以自己过来人的经验避免我们的人生少走弯路，过得顺畅幸福。但是，我的好友蒙蒙的经历告诉我，父母的干预可能会带给子女无尽的痛苦。

蒙蒙和男朋友异地恋，毕业在即的蒙蒙屈服于家人的压力，选择留在了学校所在的城市——北京。父母觉得北京是大城市，蒙蒙留在那里才会有好的发展，才不枉父母这么多年对她的栽培。但已经要谈婚论嫁的蒙蒙和男友，却不得不面临以后长久两地分居的僵局。男友浩是个有想法的人，不想去北京，况且他在家乡打拼多年，已经小有成就。而蒙蒙想到父母对自己的期望和来之不易的工作，更不能说辞掉就辞掉。

蒙蒙从第一天上班到现在，似乎每天都在抱怨自己的人生。开始的时候我还总是打电话过去表示安慰，但时间久了，大家各自都忙，我渐渐地也少了电话，多是在 QQ 上留言表示关切了。

一年多过去了，她还困在迷茫之中，无法走出，似乎怎么做都无法解决现实的困境，而且家人的压力和现实的残酷更是束缚住了她的手脚，让她举步维艰。

每每当我看到她在 QQ 签名上伤心欲绝的字句，就有种深深的哀伤的感觉，甚至有次跟她通电话，她的悲伤把我也给感染了。她说："我不知道以后自己的人生该怎么办，错过了为自己规划的时间，现在只能被人生牵着鼻子走了。我想到以后，害怕去面对，恨不得一头扎进虚空里……"

我也有爱我的父母，他们也曾经想要在我人生的交叉路口站出来干预我的选择。当年的我选择了逃避，而现在，我知道再遇到同样的事情，我会选择求得父母的谅解后去过自己的人生。

　　人生如白驹过隙，短短数十载，最后不过是一抔黄土，要怎么才不枉这如水而逝的年华呢？想到《钢铁是怎样炼成的》中的名言，聊以鼓励吧，"人最宝贵的东西是生命。生命对人来说只有一次。因此，人的一生应当这样度过：当一个人回首往事时，不因虚度年华而悔恨，也不因碌碌无为而羞愧……"

　　有人说，人生是单向的，人无论如何也不能两次踏进同一条河流。时间的单向性让人在做出选择的时刻变得庄重。人生没有后悔药，如果做了，即使是苦果，也要独自吞咽。我也讨厌后悔，所以未雨绸缪、细心规划总是题中之义，这样，我们才能始终昂起骄傲的头，大声说："我从没后悔过。"

勇敢一点点，人生就会不一样

从考场中走出，深呼一口气，迎着凛冽的寒风，却丝毫也感觉不到冷，我知道，只要觉得自己能行，在什么困难面前都不再感到恐惧。

刚刚学开车的时候，我完全找不到感觉。本来方向感就不强的我，在掌控方向盘的时候，总不能达到教练要求的角度，车子怎么也行不正，只能来回地调整方向盘，于是车子就左摇右晃起来。为这个，没少挨教练的骂，以至于我后来上车的时候，只要教练随行指导，我就会特别紧张，甚至连大气都不敢出，手指都会禁不住哆嗦。

这样的感觉真不好，我也不愿承认自己是个笨蛋。但练车这事，虽不算那么难，但对我来说却有难于上青天的感觉。所以在上考场之前，我心中的忐忑可想而知。幸好同行的朋友一直给我加油打气，加上平日里威严的教练在陪考席上也慈眉善目了起来，一直叮嘱我不要紧张，按照平时训练的来，一定没有问题。

最后，我顺利通过了考试。所谓困难，果真是不堪一击的纸老虎。总说"我不行"，这样的人肯定会被纸老虎吓倒，我庆幸最后自己战胜了自卑的情绪，闯过来，曾经的一切艰辛都变得值得回味了。

自卑的人总有这样一种心理：觉得别人怎么都是好的，而轮到自己，总觉得做不到，怀疑自己的能力，也不相信能够有好运降临。即使侥幸成功了，还是无法建立起良好的心态。

所以，他们从来没有过多的雄心，认为平庸的自己能够经历一段和顺的人生已属不易，更遑论什么大成就了。

《国王的演讲》中国王乔治六世患有与自己的身份和尊严不相匹配的口吃。作为一个国王，他必须接受治疗，克服口吃，但任何一种治疗无疑都是对他自尊的一种伤害，但他后来和治疗师莱昂纳尔积极配合，最终战胜了口吃。不再口吃的国王可以发表圣诞讲话了，而这大大激励了"二战"中的英国战士们。

人无完人，乔治六世作为堂堂的一国之君，还被口吃病困扰，经过艰辛的过程才得以克服，开始的时候他甚至也拒绝治疗，怀着对自尊的保护和对失败的恐惧。但最后，他战胜了自我软弱的一面，最终成功了。

想想我们普通人，谁又能保证自己就十全十美呢？看过这部电影的人相信都会在深思之际有这样的感触。伟大杰出的人物尚且如此，人生实在是没有什么可以恐惧的，勇敢地迎接下一次挑战吧。

Susan 刚刚转行到一家外企的时候，她很不适应，话语间都是对生活的抱怨。外企节奏太快、压力太大，员工当牛做马的，好像每天都有做不完的工作，难得休假还要临时加班，真让人沮丧。她工作了两个月，试用期马上就到了，据她的工作表现转正应该没有问题。但她心里却总是怀疑自己，做不下去的感觉总在脑海中盘旋。

试用期最后一天，主管找她谈话，她战战兢兢地听主管说完自己试用期间的疏漏之处，就慌张地提出辞职的要求。主管问原因，她说觉得自己不行，可能无法胜任以后的工作。

主管其实已经准备好了转正合同，但这么不自信的员工，连自己都不相信自己的人，企业又如何能相信她能为公司带来利益呢？

事后 Susan 跟朋友抱怨，只是想给自己个台阶下，所以主动提出辞职，她以为公司是要辞退她呢，没想到是自己太不自信了。

Susan 是典型的这样一类人：心中没有雄心，更别提什么明确的方向，对自己也没什么信心，总是觉得自己不行。如果连自己都觉得自己不行，别人肯定也不会高看你一眼。

很多人每天都在很努力地工作，希望在这份努力中能收获一个美好的结果。可能是太过于患得患失了，或是本来就底气不足，在关键的时刻，总有人会掉链子，甚至还不如平时表现好。这已经不仅仅是一个谦虚和骄傲的问题了，是对自己的人生不负责任，是浑浑噩噩的一团混沌状态的体现。这种人不知道自己是怎么样的，也不知道自己想过怎样的生活，在困难面前妄自菲薄，从没好好思考过该过怎样的人生。

翻看中学时代的同学录，看到同学录上的每一页都有一项是关于未来的理想。长大后想做什么呢？每个同学的回答都五花八门。有什么科学家、作家，还有警察，甚至有想当亿万富翁的，还有比较稳妥的同学只想要上一个名牌大学……看起来让人忍俊不禁。年轻人的内心总有很多的想法,也有很多希望实现的梦,不管这梦是渺小还是伟大。因为年轻,我们敢于去梦想,对未来有着无穷无尽的想象。

但现在我们长大了,那些当年的梦的宣言已经杳不可寻,只能在这安详地待在角落里发黄的同学录上看到些残破的影子,我们同学中没有什么亿万富翁,更没有科学家,很多人毕业后回到家乡,做着一份安稳的工作,想到当年的理想,很多人嗤之以鼻,自嘲当年的幼稚。

我不知道这是不是真的幼稚,或许我们该试一试,给自己的人生一次挑战的尝试,如果连试一下的勇气都没有,那成长后的我们比起年幼的我们,是不是更加懦弱不堪呢?

我很不理解很多当年意气风发的同学,却变成了今日的满嘴世故,没有理想,没有梦,更没有激情的人。

"你当年不是说要去当演员,怎么去做生意了?"我满腹狐疑地问一个朋友。

他回答说觉得演艺圈太复杂,不适合自己,而且太吃苦了,怕自己扛不住。很多大明星当年都是在北京住地下室扛过来的,这对他来说太苦了。

总说"我不行"的人不是真的不行,只是不相信自己,或者是不愿意吃苦而已。没有人是真的不行的。有句俗话说得好:"没有受不了的苦,只有享不了的福。"

前路漫漫,人生有时候真的只需要对自己多一点信心,别总说"我不行"。当你踮起脚尖跃跃欲试地触碰星光的时刻,你的人生就开始有了不一样的图景,天幕上的星斗不再遥不可见,只要勇敢一点点,另一片天空也会为你敞开。

　　我知道，机会从来都是留给有准备的人，而有准备的人的炯炯目光中总是透露出自信的光芒——"我可以"。在别人的人生已成定局的情况下，我愿意继续去经历不一样的人生，因为我不想，从 20 多岁就看到老、看到死。

第二章　行动起来，让你的生活更加充实

> 天马行空的想象是人们创作和创新的源泉，
> 但是不切实际的想象却是永远结不出果实的彼岸花。
> 在芸芸众生辛勤耕耘的人生领地上，说得好不如做得好，
> 所以空想主义者永远没有行动派可爱、务实。
> 行动起来，即便是失败，那又如何？

行动起来，否则一切都是空谈

你有没有制订计划的习惯？不管是制订短期还是长期计划，在实际履行的过程中会不会总是半途而废，前几天还信心满满地告诉自己，这次一定能成功，而且也确实滴水不漏地按计划学习和工作，但过几天整个人都懒散下来了，觉得这个计划一夜之间成为了人生中的包袱和障碍，一下子就抛诸脑后了。

我想，成功者和失败者之间的区别就在于行动力吧。豪气冲天的言语和计划谁都可以去尽可能地想象，而实际实施起来就完全不是那么回事了。

我认识一个女孩子，为人大方，能说会道，给人的第一印象特别好，这样兼具气质和能力的美女实在不多见。但具体接触下来，才发现这是个"做不得"小姑娘。这是大家给她起的绰号，意思是说让她去规划和口头上去描述一件事情还可以，但实际执行起来，却总是漏洞百出，出现各种各样的问题，她似乎远没有自己所宣扬的那样已经做好万全的准备，她的能力更多的时候体现在言语上，而不是行动上。

所以她就有了绰号"做不得"，能说而做不好，这是她的问题，也是很多人的问题。

从小生长在农村的我，没有什么兴趣爱好，只知道死读书，父母和老师给我们宣扬的观念是：只要学习好，就能够考上好大学，过上好日子。大学以前的我都只是个会读书的乖孩子，上大学之后，眼界开阔了，想到自己一点儿特长都没有，于是就开始各种"充电"活动。

开始的时候是学古筝，每每看到别人端坐在古筝面前弹奏出悠扬的旋律，都让我特别羡慕。学习的时候，我也是跟父母声称自己不出半年就能弹奏各家曲子，这才得到了父母的资金支持。而实际呢，我不过只上过一两次课，就半途而废了。当时意气风发买来的那把二手古筝也在角落里静静地和尘土为伍了。

大学四年过去了，我连一首完整的曲子也没有学会。很多次，我因为自己这样的半途而废而懊恼自责，但只过去一天，就又去懊恼别的事情了。

这样的事情在生活中很多，被搁浅的计划和夭折的行动不会一直缠着我们，只会偶尔在时间的碎片中悄然出现，让人猛然惊醒：原来自己是这样一个只会说而不能行动的人。

这无疑是一种受挫的情感体验。我实在不愿意经受这种感觉，但是事情就这么不受控制地发生了，我也没有办法。

朋友总是嘲笑我，这辈子唯一坚持到底的一件事或许就是吃饭睡觉了吧。对于这样的调侃我很不服气，想要声辩，却在细数过往中也确实没发现自己真的做成了什么，二十多年来只是浑浑噩噩地度日，按部就班地生活。于是我想要摆脱现状，有所突破。

古人说，"读万卷书，不如行万里路"，即使有着渊博的学识，却整日困于书斋，足不出户，这样的人生未见得有多充实。确实，没有任何东西能代替直接的体验，这在生活中就体现为行动力。坐而言不如起而行，在人生的规划中，做一个积极的行动派吧。

我总是禁不住想到歌德笔下的浮士德，一个困于书斋的老先生，对这样的生活感到厌倦，于是和魔鬼靡菲斯特交换灵魂，只为了能够真真切切地活一把，体会人世的苦辣酸甜。浮士德积极进取的精神是值得学习的。

浮士德和我们普通人没有什么区别，他也曾经历过如死水一般的人生，只知道空而论道，却从未实际体验过生活，没有真正去实践过什么。但后来他觉悟了，他做出了最正确的选择。

以前的我会有些年少轻狂，总是觉得没有自己办不成的事情，觉得心有多高，舞台就有多大。后来却在现实的障碍面前屡屡受挫，这让我明白，不是我自己在头脑中幻想能成，或者在口头上表示自信，就一定能在实践中成就一番事业的。

巧妇难为无米之炊，而这"米"就是对生活的真切地介入，是一种实实在在的行动力。

小 R 刚刚毕业进入工作单位，从没想过自己堂堂一个名牌大学毕业生，令众人艳羡的工作居然是每天跑工地，受着风吹日晒雨淋，跟建筑工地上搬砖头的农民工无异。这让他觉得发挥不了自己的价值，自己应该能做更大的事情。于是，他有了辞职的打算，甚至偷偷拟定好了辞职报告。辞职报告交上去了，主管迟迟没找他谈话，他只得硬着头皮做下去，一晃实习期到了，三个月内他发现自己在项目的历练中迅速成长，能处理工地上各种突发情况，甚至还指出了工地上出现的疏漏，避免了巨额损失，他又有些舍不得走了。主管当时的用心就在于此。小 R 迎来了主管的第一次谈话，问他是准备转正还是辞职，答案不言而喻。

如果不是有这么洞若观火的主管，小 R 可能就失去了这么好的锻炼机会，允许他辞职无疑是对他的放弃。而在几个月的试用期里，小 R 也终于明白了实际锻炼的题中之义了。

生活中真的是充满了各种的可能性，我们永远不知道下一秒会遭遇怎样的转折和变化。但命运总会有几分在我们自己手中掌握着的，只要我们愿意做，愿意在有限的生命中行动下去。

行动者身上总是散发着一种灿烂的光芒，他们总是充满活力，好像总是不知疲倦，而那些懒于行动空喊口号的人，只要一接触现实生活，要求他们有所行动，往往就如泄了气的皮球，提不起精神，更别谈什么坚持到底了。我相信人生是一种循环的活动。行动者是良性循环，而懒散者是恶性循环，习惯是很难改变的东西，习惯一种生活方式的人，或许终生都难以跳出习惯的桎梏了。希望我们每一个人都能有一个良好的习惯，在这习惯的敦促下，做一个有所作为的人。

夜已经深了，当一个人躺在床上，回顾近日来自己所做的事情，是有所收获的，是对自我有所提升和锻炼的，这样的人生就是有意义的，起码自我的满足度和幸福度是很高的。当别人问起，你有没有时光倒流的奢望，你会坚定地回答："没有。"因为你的人生是被充沛的行动力填充的，而不是空洞的言语。

做好一个积极的行动派

既然已经决定在今后的人生中做一个行动派，那就要学会如何去做一个行动派。行动派可不像字面意思所传达出的那样空洞：言出必行，而是说在实施一个计划或者构想的时候，要有对大方向的掌控，并在实践中按预想推进行动，甚至在行动中反馈计划，适当调整原计划。

这听起来没什么难的，但在实际操作过程中，却没有那么简单。尤其是在工作和生活中遇到突发情况的时候。

一个有行动力的人，肯定会在紧急情况下迅速想到备用方案，并弥补缺陷，做出最恰当的反应。我一直很佩服公司的前主管，是个能干的女人，大家都叫她 Ann。每次公司举行大型活动的时候，作为文案部总监的她，总是有掌控各个环节的能力，即使出现了紧急情况，她也总能拿出锦囊妙计，她的紧急预案总是能解决问题。这让我很好奇，便向她取经。

她谦虚地笑了笑，告诉我说，秘诀只有一个，就是实践。她也是摸着石头过河走过来的，也是在遇到过很多的挫败之后才学会的，再加上对业务的熟悉，她总是能提前制订紧急预案和备用方案，尽管我们总觉得没必要，但事实一次次证明了她的明智。

看来良好的行动力实现的基础还是多实践。通过实践才能知道自己的疏漏，才能在下次行动之前制订周密的计划。完美计划加上果断行动，这是成为一个完美的职场达人的奥秘。

我的性格犹豫不定，作出一个决定总是需要花费很多时间，经过很多次的反复，才能最终确定，而这种犹豫不决和多方权衡下作出的决定还是不成熟的，作出决定后还是会推翻，还是会后悔。在生活中，我总是懊悔自己当时不该草率，但谁又知道，就连随便作个决定也是经历过几轮反复的。于是我在实际生活中的行动力可想而知，对不太确定的决定的执行，也是心不甘情不愿的，而这必定不能带来多好的结果。

我个性中的摇摆不定确实让我吃了大亏，连作个决定都如此，更何况行动呢？再说，一个犹疑的决定必定不会催生出什么好结果。

现在，我在慢慢学着克服自己的这种性格缺陷。希望能在以后的日子中好好为自己作决定，然后好好行动。毕竟，只有敢正视自身缺陷的人才有资格做一个行动派。一个全身都是缺点、性格毛躁的人，又怎么能奢求他会成为一个积极的行动派呢？

上面提到的是计划和行动的完美合一，还有对行动派个人的要求，我在心中一一对照，发现自己距离一个积极的行动派还差得很远。以后的日子里，还需要加倍努力。以后再也不想因为作出一个决定而变来变去了，既然选择了远方，就注定要风雨兼程，希望自己做好一个行动派，再困难也要坚持到最后一秒钟。

抛弃不切实际的空想

想到孔子有关学习和思考关系的名言："吾尝终日不食，终夜不寝，以思，无益，不如学也。"如果终日只知道幻想而不实际地去学习并在学习中发现问题，是没有任何益处的，孔子的教导从另一个侧面告诉了我们空想的危害。

过了爱做梦的年纪，我已经很少去幻想那些不切实际的事情了，那种脱离大地的轻飘飘的感觉起初是让人迷醉的，但久而久之，竟也有种眩晕之感，如同一颗被悬着的心，有一种不上不下的感觉。曾经以为敢想就可以了，基本上已经将通往成功大门的钥匙握在手中，但事实却告诉我们，空想从来只是一种诱惑人的口号而已。

酷爱历史的我总是喜欢思考，即使是那些叱咤风云的历史人物，也难免有空想的时候，最终招致了失败。洪秀全领导的太平天国运动，以为能够建立人人完全平等的社会，社会上的一切东西都按照人头平均分配，这有些幼稚的宏大诉求显然招致了最后的失败。

我们只是小人物，大人物做出决策的时候尚且有空想的问题，普通人更容易陷入自满的空想中了吧。

总以为年轻的我们有双手，一定能够缔造理想的生活方式，所以完全凭借一股脑的热情去思考未来、展望蓝图。朋友总跟我说"人定胜天"，没有什么不可以，于是他义无反顾，他在一次次的人生抉择中选择了铤而走险的理想主义，不惜拿出自己全部的存款用来炒股，结果那时股市的低迷并没给他带来想要的财富。

这个年轻的朋友是我的一个发小儿，从小妈妈就爱拿我跟他比较，说他有想法，以后肯定能成大事，不像我，总是畏手畏脚的，胆子小得很。我总是撇撇嘴，很接受不了妈妈这种教育方式，总拿自己的孩子跟别人家的比，还总是贬损自己的孩子，这样对小孩子的成长肯定不好。

好在内心强大的我没有受到太多不良影响，而发小儿也果真是敢想一派，凭着对财富的极度渴望而异想天开，最后只落得在股市上铩羽而归的下场。

没有人否定一个有创造力的人对生活的无限渴望和激情，但这种渴望和激情要控制在合适的程度内，而不是一味地空想，建造完全不存在的空中楼阁。只按照自己理想的方式去生活，去经营事业，而不考虑实际情况，不多多观察，最后肯定会落得个惨败收场。

我和弟弟是两个很不一样的人，我春风得意，成绩优良，一路读书读到了现在，而弟弟高中毕业就辍学了，没有进入大学进行学习。我们两个于是有了不一样的人生。我有时候难免骄傲，在弟弟面前有一种不自觉的优越感，觉得自己多年来积累的墨水能说明一切。但在家庭遭遇危机的现实面前，弟弟表现出的魄力和成熟，却让我感到羞愧难当。其实，真正自以为是的那个人是我，以为自己胸中多了点墨水就目空一切，总是不着边际地去以为，而现实显然不等于"我以为"。

于是，我跟弟弟诚恳地说了句"对不起"。

敏感的弟弟当然懂我这句道歉的含义所在。他宽容地拍了拍我的肩膀，然后步履从容地去进行自己的工作了，最近他在工作和家庭事务中妥善协调，两不耽误。而正在读书没有工作负担的我，尚且处理得乱七八糟呢，我不禁叹了口气。

弟弟的过人之处就在于能够在现实中处理问题，而不是活在不切实际的空想中。

福楼拜的《包法利夫人》中塑造了爱玛这个爱幻想的乡村小镇女子，她满脑子都是关于绅士和淑女浪漫爱情的想象，却嫁给了一个丝毫没有生气的乡村医生包法利，在平庸和乏味中度日。而对浪漫爱情不切实际的空想，让她进入了一次次的误以为是真爱的偷情中，最后家财散尽、情人远走，她才如梦初醒，明白自己不过是活在空想中。

一切都是梦一场。

爱玛的失败之处就在于把梦作为现实来追求，太过崇尚那华而不实的爱情外衣，而无法洞悉何谓真爱。包法利再平庸，起码是真心对待她的，而她以为的真爱不过是玩弄她感情的情场老手。

空想误人啊！

扪心自问，我知道梦的力量，梦是指引我们走出人生迷雾的灯塔，我希望朝向灯塔去，希望无数和我一样总在思考人生的认真之人，能有这灯塔的照耀，一步步迈向未知的喜悦和光明。

但黄粱一梦就大可不必了。空想是梦想的极端形式，是做梦的人睡过头的贪婪，是执念所致。只有不落一边，不过分拘泥，才能够得到幸福。同样，对于梦想也该有这样的坦诚和释然。

小凡总是说，我们都是平凡人，难免有贪念，有血有肉的我们，总是容易走向一些极端的形式的。只要心中秉持着一颗淡然之心，相信是能够逃开各种诱惑，顺利挺过去的。我点头表示赞同。就拿我们两个多年的友谊来看，我也相信，总有守得云开见月明的那天。

我们之间并不是没有互相伤害过。小凡坦诚说，自己因为一度想融入一个富有朋友的圈子而疏远我们这些朋友，她以为只要跟他们打成一片，就能够一步登天，改变自己窘迫的境地。

而后来她遍尝人情冷暖后，才明白真情的可贵，也为自己曾经的空想和虚荣表达了歉意。作为好朋友，我们很快放下了过去，重新开始了新的友谊。

外婆喜欢给我讲各种新奇的故事，在故事结束的时候，她总不忘加上一句："故事终归是故事，人还是要活在现实中的。"时隔多年，外婆已经离世多年了，但那句话却总是在我耳边回响着，提醒着我，前路漫漫，要脚踏实地地走下去。好故事依然很多，但我已经不怎么去听了，我更喜欢去看看真实发生在身边的故事。

冲动与行动，有时只差一小步

　　战国大将赵奢的儿子赵括，从小熟读兵书，对史书上记载的各种战略战术耳熟能详，无人能及。在秦赵两国交锋的长平之战中，赵国以赵括代替老将廉颇，指挥战事，却不想赵括只是嘴上的军事行家，完全照搬书本上的兵法策略，最终落得惨败。

　　这是成语"纸上谈兵"的来源，讽刺的就是赵括这样的人。表面上看起来无所不能，似乎没有他办不成的事情，但实际却是绣花枕头，中看不中用，在工作和生活中遇到事情时只会生搬硬套、死板做事，最终也一事无成。说是具备行动力，倒不如说是太过冲动，完全靠一股子的热情行事，缺乏冷静思考的能力。

　　每次父母给我们讲这个故事，我和哥哥都表示很无语，这样的人格大概不是我们所具备的吧，成天用这样的事情教诲我们，分明是太过夸张了。哥哥自小优秀，说话办事也很让人放心，父母大概是担心他成为第二个"赵括"吧。而我一向认为自己不具备什么将才，估计也不会有太大成绩，父母根本不必太过担心，我连滔滔不绝的能力都不具备。每每这样说的时候，妈妈嘴上都会很无奈地喊打，却只是轻轻拍下我的肩头。

　　却不想，成年后的哥哥生意失败，算是彻底明白了，早年父母的教育该放在心上的。

从小成绩好的哥哥是国外知名大学的 MBA，对于那些经典的商业案例了然于心，给人解释起来头头是道。毕业后回国内发展，打算自主创业。父母苦口婆心劝他多历练，毕竟刚从学校出来，但自信的哥哥哪里肯听。哥哥的机敏谈吐和信心满满给了投资人信心，有基金愿意给他第一桶金，却不想生意节节败退，最后还自己搭上了不少钱，负债累累。

那段日子全家人过得忧心忡忡，总是担心债主会找上门来。哥哥当时的意气风发也没有了。妈妈总是安慰他，年轻人受些挫折历练下也好吧。

这段往事让还在上大学的我体验到了拮据的感觉。全家人省吃俭用，帮着哥哥还债的场景成了我脑海中难以抹去的印记。自此，我深刻明白了一个道理，我们不能做空想家，但是，如果没有做好准备就行动的话，那这冲动带来的后果可能是无穷尽的麻烦。

每个人都有虚荣心，很容易在这种虚荣心的驱使下，做着不切实际的黄粱美梦，却不想想自己的实力到底有多深，与其冲动行事，不如先踏踏实实打好基础，在实践中多多历练，再做出大的行动，定会有不一样的结局。

归根结底，还是在于怎么处理实践和理论的关系。

现在的哥哥已经不再年轻，没有了当年锋芒毕露的感觉，做事深思熟虑，三思而后行。嫂子总是在人前笑他太过谨慎，哥哥眉头紧蹙思考问题的样子确实像个学究，她自然不知道当年年轻气盛的哥哥那段不堪回首的经历。

讲了太多自己家和身边朋友的事情，觉得自己像是个絮叨的老人。但是这样鲜活的事例倒也不算是大而无当，我想是有些发人深思的意味的。空洞的说教总是招人厌烦的。

我一直不明白为什么会有人轻易地就能陷入传销组织的骗局，最后落得个身败名裂、钱财耗尽的下场。传销的洗脑术是有多么无孔不入，才能够有这么大的社会危害性？

一次出差坐火车，认识一个爱说的大哥，走南闯北的他经历过不少事情。他就给我讲了他险些落入传销陷阱的经历。他偶遇一个多年未见的老同学，三杯酒下肚，这老同学就说自己现在多么成功，给他讲如何投资、怎么发财什么的。大哥看人家这么容易发财，有些羡慕，想着要不就赌一把，跟着他投资做生意。

后来老同学带着这大哥来到自己的公司，没想到这个美其名曰的公司就是传销组织的一个窝点，大哥是想走也走不了了。一时冲动，为了钱而轻信，他被这些人囚禁了长达五天，幸好这大哥后来守住了底线，任对方软硬兼施，也没有就范，无奈只得放走了他。

幸好只是一时糊涂，幸好控制住了那颗躁动不安的心，不然就惨了。这是大哥最后的结论。

传销不过是利用人的贪欲，这种人性中的冲动、草率和散漫被利用和放大了，所以才会有那么多人难以抵制诱惑。

年轻人是最容易冲动行事的。因为总觉得，现在还很年轻，还有大把的时间可以浪费和挥霍，所以即使知道是冲动也认了。就如同李宇春的一首歌曲所唱"再不疯狂我们就老了"。但是，疯狂之后的代价是年轻的肩膀能肩负和承受的吗？

　　冲动行事带来的恶果也许很小，可以一笑置之，当作成长的一次教训，但或许代价就很大，终其一生都无法为这错误埋单，这就是让人有不堪承受的生命之重了。我们绝不能铤而走险，为了可能不大的利益赌一把，做一次冲动的赌注，万一回报我们的是缠绕一生的恶果，到时候就为时晚矣了。

　　青春不朽，人生永恒，这都是美好得让人心动的字眼，让有限的人生散发出持久而迷醉的光芒，这样的人生才值得我们去经历、感受和热爱吧。做一个理智的行动派，而不是冲动派，是朝着这样的人生更进一步的好办法，一时头脑发热的做法总会因生活的检验而被无情地否定和抛弃。请记住，行动与冲动，有时候只有一小步的距离。

储备知识，却更要有自己的想法

千里迢迢跑到贵州东部的这个小镇，是为了让自己实现人生价值的，是为了更好地锻炼自己的，却没有想到，在这个地方，在所在的这个行业，课堂上的那些知识根本就发挥不了作用。

这是朋友斌在电话中跟我说的第一句话。我没想到他有这么多对生活的不满和怨恨。

当时被一个知名央企录用的时候，几乎所有人都是带着羡慕甚至有些忌妒的眼光看待斌的。却不想，他在这个知名企业的工程建设中，感觉不到自己的价值。工作上，他基本都是要去工地，吃苦他倒是不怕，跟那些工人打交道让他觉得自己像是个小小的包工头，但每天做的工作让他的能力从中得到了锻炼。他甚至觉得自己都要变成深山野人了，完全跟不上外边的世界的节奏，以前学到的知识也派不上用场，感觉一切都要重新来过。

这可是意味着对过去二十多年来所积累的知识的否定啊，我不无感叹地说道。

其实，斌本科所学的土木工程也并不是完全无用，只是他在新环境中感到空前的压力和沮丧，而连同这沮丧一起丢掉的，还有他大学四年所学的知识。

后来，他还是受不了空前巨大的工作压力和机械重复的生活，选择了辞职。他的知识没能最终转化成有用的能力，引领他走出重重迷雾，最后只得中途退场了。

生命中的很多时候，我也想过要放弃。时常会忍不住怀疑自己，当下的努力和拼搏获得的积累，真的有意义吗？会不会不过是一次纸上谈兵的预演？很多时候，努力是不一定能得到回报的，更多的时候是一无所获的回应。

即使奉献几年的青春在基层的岗位上，努力试着转化平生所学为工作所用，这种尝试也多以失败告终，像斌一样。很多人进入职场的过程更多的是重新学习的过程。

"知识无用论"比以往任何时候都影响深远。因为很多人无法从短期实践中凭借知识获得利益。

我不是一个反智主义的人，甚至在骨子里推崇培根所言的"知识就是力量"。也许那些暂时放弃知识的人，不觉得自我有缺失，但终有一天，他在需要知识的时候，才会明白它的重要性。

知识有好知识，也有坏知识，看我们在实践中是如何应用知识的。这才是问题的关键所在。

斌最终也没有被我说服，他心底里甚至已经后悔来这样一个公司了，后悔自己上大学学的都是些乌"无用"的东西，于现实无益。

我还是坚持自己的想法，死知识是能够发挥活作用的，只要我们有心。

好友伟伟是个有想法的年轻人，利用大学期间所学习的市场营销的理论知识，成功创立了一家自己的餐馆，根据市场黄金定律选址和营销，最终取得了不错的业绩。

我们看到伟伟的成功，总是问他秘诀是什么，他只是会心一笑，举起自己那本在大学期间破破烂烂的笔记本，然后笑笑，就不再说什么了。

我们了然，也不再多问，只是各自送上了自己的祝福，在觥筹交错的酒桌上，完成了一次朋友间的大狂欢。

迄今为止，我已经听到过不止五个人表示对我所学专业的兴趣和疑惑了。每当我说自己是文艺学硕士的时候，几乎所有听者都会发出一种奇怪的赞叹和褒奖，甚至会竖起大拇指说一句："学这个好深奥的感觉，文艺啊！"我听了总是忍俊不禁，不知道该说什么好，即使我能觉察到这笑容和褒奖中也有讽刺，但还是没有接话。

我在心中暗暗发誓，终有一天，我会拿着我奋斗得来的作品和荣誉，大踏步走到你们面前，像展览一样让你们看看昔日被你们看低的理论知识如今发挥的大作用。

同事小胡生长在重庆的农村，在她上初中的时候，父母就劝说她不要继续读书了，说读书没用，女孩子读那么多书更没什么用。小胡执意上学，父母也没有办法，要不她现在也不会站在我面前讲当年被父母劝退学的经历。

书本知识是死的，很多时候是不能给现实的生活带来多大好处和改变的，很多不发达地区的人们更倾向于让孩子学一门技艺，这样能保证以后的生活。所以多读书，或者是学艺术什么的，在很多人看来是无用的事情。然而，却没有人在意过我们的心灵是如何被知识滋养的，也只有拥有了这份滋养，才能引领我们走向人生的新境界。

　　我觉得好险，幸好小胡是个有主见的女孩，坚持了自我，没有因为父母的几句话就放弃了自己的人生，任由他人做主。

　　现在，艺校毕业的小胡在公司上班，平日里还会帮人画画赚些钱，一是为充实自己，二是为以后开画展做准备。她的终极理想还是做一个自由的画家。而现在的工薪族生活不过是权宜之计。

　　我相信，有自己的想法又满腹知识的小胡，在生活中会为自己开创一个不一样的未来的。

　　今天天气阴，有雾霾，又下着小雨，人的心情又随着这天气而感到些许低落。最近工作中发生了太多事情，我发现完全不是自己的能力能够应付，甚至有辞掉工作出国进修的打算。家人觉得我是意气用事，是逃避现实。我却摇摇头，不过是想停下来，给自己充充电，多储备一些知识，以备来日的不时之需而已。

不是现实不够好,而是你太苛求完美

　　洁白的雪花从天空中纷纷扬扬地飘落,犹如坠落凡间的精灵,轻盈飘逸,摊开手心准备迎接这天使的坠落,却不想雪花一接触到充满体温的手掌,就即刻融化成了一小滴水,六片花瓣的晶莹剔透瞬时消失不见了。我拒绝纯洁就这样被扼杀,我不想再去试图将雪花握在手中,而希望它自由地飘落。

　　不少人认为,世界是只围绕他一个人转的,他无法容忍不好的东西,无法接受失败,无法承受痛苦,他只希望生活永远如一张白纸般纯洁宁静,不需要过多波澜,所以就坐而论道就可以了。更不必去过多接触外面的世界,因为外面的世界是藏污纳垢的,是与美好的眼睛不兼容的。

　　完美主义的人,容易走向两个极端:一个极端是类似工作狂人的性质,全身心投入到改变世界的实践中,希望凭借一己之力让自己和周边的人生活得更美好,几乎无暇停下来思考人生;另一个极端则是惧怕进行任何实际的工作,害怕失败,害怕触碰任何的不美好,所以干脆就把自己封闭在精神的象牙塔中,从不走出。

　　我个人认为,不管是哪一种的完美主义者,都不那么完美,都有些偏执,而影响了个人做出更好的人生选择,影响个人的生活质量,并限制其所能达到的高度。

我一直觉得小福是个不好相处的人,一个大男人却并不大方,事事都算计,生活却又很讲究品质。在工作上更是可怕,似乎总能挑出别人的问题,而自己的缺点却丝毫也看不到,通过这种宽以待己、严于律人的方式,他认为自己几乎达到了完美改造公司的目的。

我想小福就是一种典型的完美主义者。只是过于挑剔别人,总觉得现实不够好,所以容易随意做出判断,而从不实际去考察。离开这家公司不过两年,就听前同事说,因为小福的一意孤行,总是随意做出决策,他的公司终于被他搅和得乌烟瘴气,最后破产了。我听了这消息,内心情感复杂,有些幸灾乐祸,但更多的是同情和可惜。如果小福当初能踏实地去管理公司,和员工搞好关系,不苛责员工,现在肯定是另外一番结果吧。

人生不如意者十有八九。如果是因为我们个人的问题而造成了自己和他人的困扰,这样的人生不是可悲又可叹吗?这样病态的完美主义,只活在自我的世界中,目空一切,任性行事,失败的结果是必然的。

可能自小家中兄弟姐妹多,我倒是养成了为别人考虑的好习惯,在遇到事情的时候总能够从大局出发,缜密思考,根据事情的发展趋势而做出判断,也为此赢得了别人的夸奖。我为自己有这样的好个性而高兴。即使我不聪明,但我始终庆幸,我不是一个狂妄的人。

听朋友说起他们公司的一个女主管,年纪不小,却还没有结婚,全部身心都扑到工作上,在工作上也是屡创佳绩,很受总经理的赏识。但女主管又有些不近人情,一味追求工作效率,总是要手下的员工跟着她加班。这叫朋友苦不堪言,总是跟我抱怨,我基本上自愿承担了情绪垃圾桶的角色,每天听她倒苦水。

我明白,做事追求效率和完美,这并不能算错,而且敢于进行大刀阔斧的改革,证明这个女主管是个有魄力的铁娘子。但她在一路高歌取得重重业绩突破的时候,似乎忘记了一件重要的事情,就是停下来思考下,在心里想想自己最近工作的优点和疏漏。然而,她却还是马不停蹄地朝前跑。她甚至一度将怀孕的女员工都辞退了,让公司背上了官司。有人质问她为什么这么做,也有人讽刺她忌妒别人家庭幸福。她从未将别人的婚姻幸福看在眼里,不过是想快点完成上级交给的任务。但太着急的她,却让公司遭遇了官司,本来要上市的公司为此只得延后申请上市的事宜了。

唉,又是完美主义惹的祸。总是渴求完美,做起事情来也是要求严厉,甚至有些急功近利,就难免让完美主义的工作狂人成为了追逐名利的动物。我不愿这么评价朋友的女主管,但她在兢兢业业工作的同时,确实因为缺乏思考,而走向了自我期许的完美的反面。

我们每个人都有很多缺点,我们周围每天上演的生活悲喜剧也是难以两全,苏轼曾经有词云:"人有悲欢离合,月有阴晴圆缺,此事古难全。"你可能是个模范丈夫,但总是苛求老婆,让家庭关系总是陷入紧张,尽管你的出发点是为了让老婆更完美,但这样的精神负担却让对方苦不堪言……

生活中的我们总会发生很多的事情,我们的个性也总有太多的缺点,我们无法做到完美,但我们一定要朝着完美的方向去努力,力争完美。完美不是心中设想的蓝图,然后随着你心中的想法随意驱使现实,也不是在现实中引吭高歌，一路狂奔，朝着目标大踏步迈进，而从不停下来思考总结。真正的完美是现实和理想的完美对接，是既要有所思，也要有所行，步伐一致地朝着理想前进。

今天，把世界装扮得银装素裹的白雪已经染上了尘埃，正在慢慢地融化，随即而来的是一片片不均匀的污泥。有人说，雪是藏污纳垢的，它掩盖了肮脏。我却认为，它告诉我们的是，再完美的东西，背后总有些不完美悄然出现。

第三章 认识自我，让你打破生活的枷锁

有时候我们总以为认识了最完整的自己，自以为是最强大的，
或是认为自己远不如别人，殊不知，正因为如此才让自我陷入了虚妄之中。
其实，生活总是给我们带来各种各样的限制和束缚，
如果我们不能真正认识自己，打破自己头脑中的思想僵局，
根本无法打破生活的枷锁，活出人生真正的精彩。

你究竟想要怎么活

苏格拉底有一句名言"认识你自己"。有人可能觉得这个很简单，这世界上没有人比自己更了解自己的了，认识自己并不是有多困难。但实际上，当局者迷的故事总在发生，人们最难认识的恰恰就是自己这个熟悉的陌生人。

有人太过傲慢，也有人自信不足，甚至有人从没认真倾听过自己内心的声音，不知道自己发自心底的真实想法。

我们很多人在混乱的生活状态中渐渐迷失了。不知道自己是谁，也不

知道自己到底想要什么。

在忙碌的生活中，每天都心力交瘁，伸手触碰阳光的时候，总有种无力的感觉。不知道每天这么忙是为了什么？有时候真想抛下一切，去过一种悠闲自在的生活。到一个谁也不认识我的南方小镇，在缓步的生活节奏中慢慢沉淀自我。但想法只是一闪而过，很少能够真正去实施。想到下个月又要交房租了，还有信用卡还款的日期也要临近了，一个同学结婚的礼金也要预备着了，还有下星期要去老家帮父母粉刷房子……太多的事情需要我们去处理。真正的自己的要求被现实的重担驱逐出去了。

于是我告诉自己，别再想了，只好好工作吧。忙碌中的人总是容易放弃思考，大脑在各种事务性工作中高速运转。这种麻木的忙碌我觉得也很好，起码不用那么痛苦地去做出抉择。所以才有人说治疗失恋的良方就是忙碌地工作，人生一蹶不振的时刻，总需要忙碌来填补空虚。

我知道真正的我，只是个希望能自由自在生活的人。不管到什么地方，能够随遇而安，只求内心的安宁。

可是现实偏偏不让我如愿，我要在这份本来给我不断设计挑战的工作中消耗殆尽了。终于，我开始有些渐渐明白了，自己从不是想要过这样的生活的。

那为什么又会到这样的地步呢？

有时候，是生活推着我们走，而不是我们掌控着生活。很多的决定是在各种因缘际会和巧合下促成的，由不得你去质疑，只得跟上生活快节奏的步伐，不然就会成为一个被淘汰的人，孤独地走在人生边缘上。

每个人心中都或多或少地惧怕孤独的状态，孤独意味着要直面袒露的自我，而这个自我或许是我们不敢直视的，因为我们的生活可能一直在辜负这样的自我，想到这就让人心酸。

最后，我坚持工作了半年，在时而亢奋时而疲倦中消磨着时间，我纠结着，希望别那么快做出选择，希望不是自己的一时冲动，毕竟我真正想要的是什么，还没有被我完全拿捏到位，我只得等待。等内心中无数个声音的撕扯，最终获胜的那个替我作出决定，这是懦弱的一种表现，还是顺从自己内心的想法呢？我不知道，这一切只得由时间来证明。

渺小平凡的我，也许能做的只有等待。

认识自己很难。这比起处理一个复杂的数学公式或者是恋爱中的男女关系还要复杂。因为这种认识是一种独悟，没有人能提供太多的参考和帮助，你自己是那个唯一能帮助自己的人。

涛放弃在北京打拼奋斗的所有，最终回到老家找了一份闲职。他在多年的北漂生活中感到疲惫至极，想要找个停泊的港湾休息。于是，这种生活轻而易举得到了。他从一种极灿烂的生活进入了一种极乏味的生活，每天上班后半个小时，就能够完成当天所有计划的任务了，剩下的几个小时的时间里就是等，等下班，等回家吃饭。

回家吃完饭做什么呢？

看电视，或者陪老婆孩子，然后第二天又进入这样的死循环中，没有尽头。

他调侃说，觉得自己很像是那个推大石头上山的西西弗斯，受到了严酷的命运之手的惩罚，永远无法解脱，起点和终点的不断重合连通，让他苦不堪言。

我说，也许是你已经习惯了忙碌和快节奏的都市生活，需要时间去适应吧。

这话是在欺人，也是在自欺吧。他无奈地笑了，这笑声更像是哭声，透露出的是无奈和沧桑。

我们的谈话就这样终止了。

后来，涛辞掉老家的工作又回到了北京，回到曾经最为熟悉的生活圈子当中去，那些让人激动的忙碌的生活，重新散发出了诱人的光芒。

老家的人议论纷纷，觉得像涛这样反复折腾的人生让人啼笑皆非。涛的父亲尤其生气，逢人就说儿子不知道好好过日子，瞎折腾。

是啊，过日子，老婆孩子热炕头，果然是温馨异常的。但是，如果这日子非我们所愿，就是温馨得让人落泪，也不一定能牵绊住那颗躁动不羁的心吧。

我不知道涛的决定是对是错，也许，他不久又会发现，回老家安定下来才是自己真正所求的，是真正的自我发自心底的呼唤。也许，从此他就在北京漂泊半生，再无归去的意思了。

人生或许就是要不断地尝试，这种尝试是在不断地自我确认的过程中进行的，一次不行，两次，两次不行，三次。总会有尝试停下来的那个时刻，那时候，我们就能够特别自信地确认，自己到底是一个怎么样的人，想要过一种怎样的生活。

我现在依然奋战在工作岗位上，我想我天生会是个工作狂吧，曾经的动摇更多的是情绪崩溃的一种反应，我想继续努力，为自己也为家人创造更多的生活中的美好和感动。即使有一天，真正的自我又冒出来说，要我过一种漫游的生活，我也会去尝试吧。只是，那一天还远远没有来到。

　　我们的人生就是一个不断认识自我的过程，自我有多副面孔，有很多只是假面，这需要我们去辨认，倾听发自内心的声音，做出最符合自我心声的选择，这样的人生才值得去经历，因为这是我自己选择的，不是别人选择的。

骄傲是一种自信，而不是自以为是

　　走在寂静的校园甬道上，我做一个深呼吸，抬头看看被高大的法国梧桐笼罩住的半片天空，抬起手感受指缝间流泻而下的阳光，此刻，我内心感到很安宁。

　　这是十年后在母校的聚会，我本无意来这个让我有些伤感的中学，却还是没有控制住自己内心涌动的心思，只想看看，故人是否一切安好。

　　回到老家当然也有很重要的一个原因，就是最近工作上频频出现各种状况，那个曾经自信的自己仿佛一夜之间消失了。曾经骄傲地高高抬起的头，如今也黯淡地低垂下来了。主管最近对我的工作也总是百般挑剔，甚至我提交的表格出现些无伤大雅的小问题，她还是会一直念叨个没完。更要命的是，她总是当着全部门同事的面，对我进行批评，完全不留情面。这叫自尊心很强的我，脸上很挂不住，甚至一度都想要辞职了，但只是为了面子辞职又让人觉得很傻，所以只得苦撑着。

正巧赶上同学聚会，就请了一天假又连上周末，休息三天，调节一下状态。说是同学聚会，倒不如说是个炫耀大会。几乎每个人都使出了浑身解数，武装自己，并不厌其烦地拉着每个老同学的手，告诉他们，这些年自己是过得多光鲜亮丽。即使那些在角落里一言不发的同学，若有人跟其聊天，对方也会尽力掩饰生活的窘况。

我感到很困惑：每一个人几乎都骄傲得盲目了起来。或者是用一种虚假的骄傲来掩饰窘迫。当然有些同学是真的发了点儿小财，比如当年坐在我后桌的高个子华，如今成为了一家餐饮店的老板，但比起那些商界精英来还差得很远，华就有些飘飘然了。有人问起他为何不继续扩展门店，他不置可否，憨憨地笑了："你不懂，扩展门店是很麻烦的事情，我现在已经很成功了。"

众人汗颜，还没成为商贾巨富就以成功人士自居了，这样的自信心还真是无人匹敌。了解华的人都知道他向来胆小怕事，大概是害怕太冒险，才畏手畏脚了起来，也正是对现状的过分骄傲让他丢失了前进的动力。

他本来可以做得更大的，却因为自己的盲目骄傲而止步于此了。

被同学问及现状，性格爽直的我，没有遮遮掩掩，打算和盘托出，向老同学吐吐苦水。但话刚到嘴边就咽了回去，说出口的是我现在的业绩和所在公司的知名度。

我的虚荣心让我在老同学面前好好表现了一番一个自信的职场人的状态。当然，打心眼里，我也认为自己很优秀，只是未遇到识千里马的伯乐而已。这让我感到欣慰，成功地将最近工作的问题转移到了主管身上，一切都是她的错，我根本就没有错。

这种心理状态让我在后来的工作中尝尽了苦头。因为只要工作上遇到了问题，我几乎总是惯性地认为是别人的问题，我这个环节没有任何问题，这叫和我一起合作的同事很无语。有些事不言自明，对方能看到我眼神中的优越感，而这种优越感在对方看来如荆棘一般刺痛了他。这样，我在一段时间里成为了一个让其他同事惧怕合作的人。因为没有人愿意和一个只享受荣誉而从不为错误埋单的人合作。

我感到了一种空前的孤独，这种孤独是被孤立的状态所造成的。我开始反思，也许，真的自己做错了。

相信很多人在工作中也会遇到这样的情况，因为自己的盲目自信和骄傲，造成他人工作中的困扰，导致工作中的合作存在隔膜，而直接影响到工作的完成质量。

这种毛病是职场新人爱犯的错误。很多大学生刚刚进入职场的时候，觉得自己无所不能，而且目空一切，对上司也没有那么地服膺，觉得要是自己坐在那个位置，一定比上司做得更好。而在实际工作中却是束手束脚，没有自己声称的或想象的那么无所不能。

小陈刚刚进入一家广告公司的时候，处处锋芒毕露，可能是因为自己从小是个文学青年，独立出版过几本图书，小陈总有些恃才傲物的霸气。在创意部门进行头脑风暴的会议时，他总是表现得很强势，不但积极提出自己的观点，甚至有些直接地去否定别人的观点，即使这个创意是部门主管提出来的，他也会这么做。为此他几乎把部门的人得罪光了。而且有些他否定的创意却受到客户的欢迎，而他自己想出的那些很棒的创意，却很少得到客户的认可。他在公司中几乎成了一个笑柄。

年轻人有初生牛犊不怕虎的精神固然可贵，但这种天不怕、地不怕的精神要用对地方。如果总是表现得太过骄傲，而实际上自己的能力还与优秀相去甚远，还是应该本分地去学习专业技能。

即使一个人的能力真的是到了无人能及的地步，也不该太过骄傲。有句话说得好，"谦虚使人进步，骄傲使人落后"，骄傲总不是什么太好的性格特征。当然，适度的骄傲是一种自信的体现，但过于骄傲就让人难以忍受了。

太过骄傲就是一种自恋了，而古希腊神话中最俊美的男子纳西索斯就是因为自恋而丧命的。纳西索斯的美貌为他赢得了不少少女的芳心，他却一一拒绝，有次从水中发现自己的倒影，钦慕不已，最后跳入水中求欢，溺水而亡。

我想，我也是一个有些骄傲的人。性格中有些刺和锋芒，总是难以遏制住自己。我不会成为循规蹈矩的人，这不是真正的我，但是我确实该在工作中好好反省下自己的那些狂妄的自信心了。现在还为时不晚，我还算是个半新不旧的职场人，还有很多的时间去历练。

即使选择做一株骄傲的蔷薇，也需要有充足的水分、阳光和肥沃的土壤，等这些都具备的时刻，再昂起骄傲的头颅，这样的骄傲是一种自信，而不是盲目地自以为是。真正成功的人有广阔的胸襟，虚怀若谷，谦虚自持，虽有骄傲的资本，却只是表现出恰如其分的自信。

永远保持谦逊和进取的姿态

接到朋友电话的时间是凌晨一点，我整个人还处在睡梦中，就被一声悠扬的手机铃声惊醒了。我实在想不出哪个疯子会这个时间给我打电话，结果是多年不见的朋友安。我们曾经是很好的朋友。

她现在在美国，估计是太过兴奋忘记换算时差了，她是跟我分享自己独立设计的一项作品获得了美国的大奖，这是多年来奋斗的结果。她第一个想到来分享喜悦的人就是我。我一方面有些尴尬，另外也自然很为这个好朋友开心，能够分享她的喜悦。

但想到自己窘迫的生活，还是觉得有些不是滋味。我们当年是多么相似的两个人，人生发展的轨迹也何其相同，如今却有这么大的悬殊。是人生如戏吧，我怎么也想不到当年同样平凡的人会成为了成功人士，旅居国外，而自己却每天在生活和工作中纠结。

我知道，安一直是个踏踏实实的人。她想到什么就会去做，从不拖拉，也不会聒噪得让全世界都知道。她像是一头勤勤恳恳在田间耕作的老牛，终于熬到了收获的时节，心中的喜悦可想而知。

相反，我总是雷声大雨点小，没有安那么踏实。当年是她约我一起考研的，结果我整日在学生会活动中叽叽喳喳，好不活跃，自信以自己的能力肯定没问题。而她则每天都埋头读书，最终去了梦寐以求的香港，现在又到了美国。

妈妈说我总是学不会沉默，明明自己不行，还在那里耍些空把式，这实在不是一种好个性。

我自有我申辩的理由，认为自己不像妈妈说的那么不堪一击，也没有到四处吹牛的地步，时运不济的原因更多是运气不佳吧。

妈妈对于我的狡辩很无语，于是不再多说，只静静看我这么多年的成长，让现实来告诉我这一切。而时间用它无声的语言告诉我，我从前是一个多么浮躁的人，并不懂得沉默是金的道理，那个浮夸的自己，早已经随着坎坷的现实经历而支离破碎了，留下的只是一个看清楚自我的人。

安很懂得沉默是金的力量。她在没有把握的时候，很少在别人面前炫耀。即使是获得了大奖，她还是很少谈及什么，只是表示感谢，希望能再接再厉，取得更大的成绩。

没本事的时候，她知道沉默，而有了本事，她依然是一副与世无争的做派。

我知道很多人，即使自己完全没有把握的事情，也会拍着胸脯，自信满满，而真的要他交出成果的时候，换来的则是一阵阵的沉默或者是想方设法的辩解和拖延。就不能不这么浮夸吗？

我也总是反思自己在处理事情时常常会遇到的问题。就像是一瓶半满的水，摇晃起来总是能发出很大的声响，而全满的水却完全摇晃不出声音。人就是这样的一个水瓶，当你还没有足够的实力将这水瓶盛满时，还是不要轻易去摇晃，发出声音，引人注意了吧。

认识一个很聪明的学姐，文笔斐然，业余时间进行大量创作，并且每天都在阅读中度过，学识很高。毕业论文的答辩会上，她鹤立鸡群，滔滔不绝地陈述自己论文的观点，导师们各个点头称赞。而当有导师问到一个相关的前沿问题的时候，学姐毫不讳言自己对这方面还没有研究，希望能在搜集资料后再给出解答。

我们这些师弟师妹们都表示非常敬佩。她很有才气，所以可以勇敢地发出自己的声音，让世界听到她。而遇到自己不熟悉的领域和问题时，又敢于承认自己的无知。这也是一个蕙质兰心的女子。最终，她凭借自身的才华成功地被保送了博士研究生，并继续进行着自由撰稿人的生活。

我不知道以后这个学姐的人生是不是一定就会成功，但我确信，她这样的人，始终是有一颗坦荡的心去面对一切的，踏实肯干，不浮夸。这就是一种美德了。

许多年后，当我得知学姐放弃进入某知名高校当讲师的机会，而继续去国外深造的消息时，我并没觉得有多惊讶。因为她是要继续修炼自己，让自己变得更强大，这种不断进取的精神值得赞许。

人生最重要的是什么呢？我想是能够问心无愧地面对人和事吧。这无关道德，是人的一种精神风貌。一个浮夸的人是无法领略那种双脚踏实地踩在大地上的感觉的。不管有没有本事，我们都需要永远保持一种谦逊和进取的姿态，这不是很好吗？而有本事的人将本事展现给众人，是一种对话和交流，而不是耀武扬威。

男友回家跟我抱怨公司的员工小曹。不仅仅是他自己需要完成的本职工作，甚至是与他不那么相关的工作，他总是要插上一杠子，在公司的每个角落几乎都能听到他好管闲事的声音。今天就因为他的自以为是，竟然自作主张地接了老公他们部门的一通电话，而错误地提供了客户不真实的信息，造成客户和公司之间的误会。虽说是好心办坏事，却让人觉得不堪其扰。类似的情况发生了很多次。他在做自己的本职工作，他总是要表达自己的见解，而在执行过程中也总是不服从上级安排，擅自更改拟定好的事项。

　　小曹如果能力超群，能解决好自己和同事工作中的问题，也许聒噪一些，或常常去指手画脚，还不至于太过招人厌烦，但可怕的是，他是一个没有什么能力又好管闲事的人，很少见他沉默的样子，总是在絮絮叨叨，插足各项事务。结果可想而知，小曹只做了半年就被公司辞退了。

　　所以，能力尚且不足的我们，继续努力吧。相信只要我们谦虚，沉默地去苦干，不做自不量力的蠢事，总有收获成功果实的那天。天空中的阴霾总会散去，只要我们学会如何恰如其分地保持沉默。

　　空谷中传出的余音总会格外悦耳动听，我站在风景秀丽的山顶上，聆听空谷中鸟儿的啼叫，在这静谧的沉默中享受着美妙的声响。我知道，我要做一只偶尔啼叫的鸟儿，在最合适的时机开口唱出动听的歌曲。

你是否给自己太大的压力

我知道很多人的生活都不是一条直线的，简简单单就能够成就一个不一样的人生，而是要经历很多的暴风雨的洗礼和让人猝不及防的挫折。成功的人通常是有心理准备来迎接这些事情的，他们甚至在经历的过程中没有十足的把握，自己一定能顺利渡过难关，不过是抱着谦卑之心去经历而已。

眼高手低似乎是老一辈人喜欢给我们年轻人下的定义，我不止一次被长者这样评论过，这让我很不服气，我们这一代年轻人的压力，他们到底又知道多少呢？

很多在大城市生活的人，为了追逐梦想而做出了破釜沉舟的打算，每天过的生活紧张而充满压力。早晨天刚刚亮就起床了，于是从市郊附近的出租屋经过地铁和公交的一个小时以上的路程才到达公司，早餐可能只是随便在路边摊买个包子，在寒风中等待公交时匆忙吞咽下。一上午的工作紧张而忙碌，开例会、陈述工作进展、绘图、整理资料、做回访、联系客户，等等。中午临近吃饭的时间了，急匆匆地开了个临时会议，时间已经12点多了，只得随便订个便当，饭后马上又投入到忙碌中。

但这些年轻人心中都有个信念：坚持，坚持，我一定可以的。

就在刚刚，你差点放弃了坚持下去的勇气。因为你工作上很拼命，但工作效率似乎并不是很高。你会犯些小毛病，甚至会因为和客户意见不合而搞砸一次谈判，或者是因为觉得自己无所不能而又在某次活动执行中捅了娄子。

好在你运气好，遇到的是个作为"过来人"的善良的上司，他会简短地抛出一句话，"年轻人，慢慢来，你现在还不是什么都可以的。"

你听了这意味深长的一句善意提示，瞬间泪奔。这是你跟我讲述往事的时候的措辞，感动、内疚和悲伤，各种情绪奔涌而来。

我知道你在北京过的日子简直都不能用凄惨来形容，你住地下室，成天工作，双休日还主动加班，得到的却是越发昂贵的房租和物质成本，使你每个月挣到的那几千块有些入不敷出。多少次你拮据到想跟父母伸手要钱，却不忍心让家里人担心，只得连续吃半个月泡面度日。到后来，你看到方便面的广告都想吐。

你太急了，急于摆脱这样的人生，也急于向家人证明自己选择的明智。你不想灰溜溜地就这样回到家乡，起码是要功成身退吧。如果你就这么回去了，别人提起你的时候，肯定会说，谁谁家的孩子在北京混不下去了，回老家来了，唉……

我告诉你，只有努力是远远不够的。我们现在还没有太大的实力，不适合给自己揽过来太多的事情，以致最后每件事情都办不好。要强的你总是说，"我可以"。

我不知道这是不是一种虚妄的生活方式。因为你在焦虑和自尊中迷失了自我，你的视野已经到了云端里，可你的人生还是在平地上如履薄冰，寸步难行。

现在我变得有些服气了，我们确实是太过年轻了，还不知道自己真正要的是什么，或者太过拘泥于眼前的得失了。

你总是跟我说，"我已经很努力了，不该受到指责。"

但这种努力并不是一种脚踏实地，而是一种不切实际。你高估了自己，也低估了世界，世界远没有你想象的那么简单，你需要更强大的自己去适应这个社会。所以，此刻起，亲爱的朋友，请将仰望晴空的目光下移吧，注视着现实大地上坚实存在的世界，慢慢修炼自己。

我不该这么说教，你总是嘲笑我是个说教狂。但没有办法，这样的事情我也曾经遭遇过，所以我是你的前车之鉴，我不想让你再重蹈覆辙。我们的人生经历是多么相似啊，我们都曾经觉得自己无所不能过。

不管是爱情还是事业，或者是一种生活方式的选择，都应该根据自己的情况作出最务实的决定。好高骛远的朋友们最后都在这成长的代价中明白了，应先务实地去生活，再慢慢提升自我的目标，这种循序渐进的方式才是我们应该采取的。

是的，有人说生活就是一场苦役，人们所追求的生命的真谛其实不过就是幸福而已。这种幸福就在于我们能够安安稳稳地生活，始终保持内心的平和，不受纷繁的外界的干扰，只做好自己，不给自己太大的压力，量力而行，这样才是充实生活的王道。如果一心只想着成功而事事包揽，最终只会距离成功越来越远，走入远离成功的歧途。

是不是真的可以，或许真的不是我们自己说了算，而是需要时间来告诉我们，我们的实力已经发展到了何种程度，又能够在多大程度上提升人生的幸福度。说到底，我们最终拥有的是把握幸福的实力。

低下高高在上的头

怀着沮丧的心情看了本季度的业务情况，经过这么多的努力，距离预期的结果却还是很远，这种感觉真的非常不好。有一瞬间，我甚至觉得活着真没意思，不管有多大的努力和付出，但难以预期的结果却像是当头棒喝，否定了之前的一切努力和辛苦。

我不服气，找上司去理论，希望能够给我的团队一个更好的待遇，这样也才对得起大家的辛苦。主管面容冷峻，似乎完全不为我的求情所打动，甚至将一切失败的责任都推给了我，说如果不是我一意孤行，整个团队也不会几个月白忙活了。

我听了觉得很难过，自己也从没有好好休息过一天，却遭到上司这样的指责。当时上司希望我扛下整个项目，当然我知道他是不得已而为之，他的得力爱将已经另觅他处去工作了，他只有我可以依靠，而我当然知道，这是个机会，是我在公司的所有人面前表现自己能力的一次绝佳机会。

我承认，自己是一个喜欢耍小聪明的人，自尊心又强，轻易不会求人。所以才会在项目中遇到问题时，也没有找主管商量，没有请教职位比我低的同事，觉得自己一定能够靠自己渡过这难关。

最终就有了这样的结局。虽然勉强完成了客户交代的项目，却完成得很不理想。

细细想想，我没有虚心请教，我一意孤行，觉得靠自己办，等事成了大家才能看到我的能力，这是我的过错。我不能觉得自己完全没有错，即使我知道上级并不是一个好为人师的角色，但我想，只要我不断地去请教他，并争取沟通的话，他就会悉心给予指点的，事情就不会落到现在这个地步。

　　我想，认错也是一种勇气吧。在我气呼呼地从上级办公室甩门而去的几天内，我内心总是无法平静，感觉办公室的同事总是用异样的眼光在看我。或许大家不过是和平常一样，是我自己心里不安宁，才会有这样的错觉。但无可厚非的是，我的内心经受了很大的煎熬。

　　如果在一个公司不能和自己的上级处理好关系，我相信这对任何职场人来说都不是什么好现象。而这种不睦还恰恰是因为我在工作中没有做到谦逊，遇到问题不虚心请教，出现问题后又不虚心接受别人指出的批评。我不知道这样下去我到底能撑多久，即使没有人把我怎么样，我自己也会心力交瘁难以工作下去了。

　　我想，我还是鼓足勇气跟主管谈一谈吧，表达出自己的歉意和对工作上没有漂亮地完成任务的后悔，希望他能再给我一次机会。这也没什么大不了的，不是很难，这样做的话，我起码让别人知道了我内心想法的转变。庆幸的是，最后我这样做了，并赢来了融洽的上下级关系，在以后的工作中我保持虚怀若谷的精神，最终获得了一个大项目的成功，为自己赢得了尊严。

　　有时候，做出些改变并没有我们想象的那么难。如果一个人总想着单枪匹马地解决问题，我想这个人注定是个人生的失败者。人是社交型的动物，若人能够脱离了社会网络的羁绊，那这种无限度的自由带来的定是满目的孤独和寂寞。

自负的人总是不那么虚心，以为自己能够解决很多的问题，能够强大到无坚不摧，所以不习惯依赖别人，或者一种虚心的请教在他看来也是一种无能的表现。所以，他选择骄傲地始终昂起那如蔷薇花的头，始终与大千世界保持着距离。这样并不好，不仅不能赢得成功，同时也无法获得快乐。

不管是工作还是学习中，我都希望自己是一个始终谦逊的人。自此，只要是我不熟悉的工作，我总是找到那些老前辈，请求他们一一解答，并细心地在本子上做记录；在日常工作中，有下属指出我的问题时，我不再是那种目空一切的高姿态，觉得下属职位比我低，就一定不如我，而是认真倾听对方的建议。这样的话，不管是对上还是对下，都始终保持一颗谦逊的心，定会坦然面对每天生活中这样或那样的变化。

孔子有言："三人行，必有我师焉。"既然老师无处不在，那虚心求教的精神也应该始终保持。这样的话，才能保持每天都进步，每天面对的是一个全新的自己，呼吸的空气都变得不一样了。这种良好的状态一直保持到我六七十岁的时候，我相信我一定是个开心的老顽童，始终有一颗童心，不断向上的学习之心。有人总是跟我抱怨生活的百无聊赖，感觉今日是昨日的重复，明日又是今日的重复，人生像是一场难以摆脱的苦役，如西西弗斯一般不断地推石头上山的循环往复，徒劳而又机械。若有我以上提到的谦逊之心，定能每日都创造不一样的人生，人生的苦役之说就没有什么好畏惧的。

逃避失败是弱者的选择

　　静静地坐在这家熟悉的咖啡馆里，这个靠窗口的位置是我特意要老板留给我的。窗外是华灯初上的夜和喧嚣繁华的都市，而这店内却弥漫着优雅慵懒的爵士乐的曲调，让人有恍若进入另一个世界的感觉。我喜欢站在繁华的边上，据守住一块安静的角落，旁观快节奏的都市生活。这样能让我羁旅在外的心感受到几分平静。

　　一个黑影从窗外倏忽而逝，原来是一个乞丐，衣衫褴褛，蓬头垢面，想要跟从咖啡店出来的红男绿女讨几口剩饭吃。我惊讶这乞丐看起来不过40岁，四肢健全的，怎么就做起乞讨的行当来了。

　　老板善意地给了对方一块面包，然后解释给我听。这乞丐原来是个落魄的商人。破产后精神崩溃服安眠药自杀了，抢救过来就是这个样子了，好像是脑子出了点问题。我又细看了下那个乞丐，只见他口中念念有词，声音很小，听不清他到底在说什么。

　　这次见闻让我感到很震惊，一个人竟然可以被失败打倒到这个地步。他没有从失败中总结经验教训，也不去想在失败后采取挽救的措施，就一头沉浸在失败里了，丧失了对人生的严肃思考，最后干脆逃避现实。不管是自杀还是疯掉，他都成功地做到了逃避这件事。老天没让他死，却让他过这种生不如死的生活，这是对弱者的惩罚吧。

我知道，每个人都难免面对大大小小的失败，我们的人生不可能只有成功而没有失败的。我从小到大，就从来不是一个幸运的人，抽奖中过最大的奖不过是一块香皂，所以我从来不买彩票，不做任何投机的事情。因为一个人如果运气不那么好的话，还是老老实实、本本分分的吧，要不等到失败了再后悔自己的不踏实，恐怕就为时已晚了。高考失利，我没有考上理想的大学，只得复读，而复读后再次高考的时候又时运不济，还是没有考好，不得已去了一个二本院校。想通过考研来改变命运，报了一个理想的大学，结果报得太高了，又没有考上。只得老老实实地去工作。朋友们安慰我的方法通常是：我和考试无缘。

我感谢我有那么多好朋友，对于我接二连三的坎坷，他们没有嘲笑，而是想方设法地安慰。我想，这些经历是在告诉我，不要逃避了吧，如果考研的失利还是不能让我醒悟，我还是活在他人的评价中，希望大家别认为我不是一个好学生，而试图通过考试去证明这一点的话，那这样的人生也没有什么意思了。

庆幸的是，我醒悟了。我选择了迎难而上，而不是妄想继续闪躲邻里们探询的目光。是的，我考砸了，我学习好，但是考试不行，我没有那么厉害、那么完美。我想，我自己都有这样承认自我不完美的勇气，承认失败了，别人又对我会有多大的影响呢？

那个乞丐是失败了也没能够醒悟啊！他若是醒悟了，肯定会学习卧薪尝胆的越王勾践，历尽千辛万苦也要重整旗鼓，而不是做一个逃避的懦夫。若是醒悟了，肯定能够在经历人生的大起大落后，我心如初，继续为人生的信念而奋斗，而不是轻易放弃生命。

失败乃成功之母。这句话细细想来是别有一番深意的。如果一辈子都是顺顺利利的人生，那一个人能够得到的历练实在有限，没有遭遇过失败，肯定无法轻易触碰到人生的底线，知道我们的极限才能了解我们的潜力。

失败后执迷不悟的人还是没有看清自己，从未认为失败的原因不是个体的失误，而更多的是命运的不公，所以到了惨败而归的时候，依然无法坦然认错，去面对那个惨败落魄的自我。

总有一些我们无法面对的问题。我知道渺小的我不是无所不能的，甚至我会有很多时候觉得无所适从，而没有一个人能在我身边帮助我，即使只是提供些精神上的支持，这些有时候都难以实现。孤独的状态更多的时候是如影随形的，当我遇到同类人的时候，我会尽可能多地跟对方交流，这样我就能缓解内心的孤苦和落寞。真的，人没有那么强大，总会出现一些问题，总会有无助和彷徨的时候。我希望，有人能够和我风雨与共。这样的话，不管是什么样的失败，都不会轻易将我打倒，因为我知道，我有坦然面对那个骄傲自大的自我的勇气，有面对过去失误的担当，我还有朋友家人对我的精神支持。这一路走来，我并不寂寞。

想到当年高考失利，一个人去外地旅行散心，父母对我很担心。有一天我接到妈妈的电话，电话那头的她关切表示：不论怎么样，我都是她最爱的孩子。

我当时听了大受鼓舞，认为自己要变得强大，才对得起关心自己的父母。不能再逃避下去了。那几天的旅行并没有让我的心情有多大好转，相反使我更容易沉浸在消极的情绪中，那里不过是一个避难所，让我能逃过熟人们问询的眼光，让我能感到暂时的安全而已。而实际的生活早晚是要面对的，我只是到了一个陌生的地方，保证自己不被高考失利的事情打扰而已。

"职业是生命，业余在写作"的史铁生，本想对自己的病体自暴自弃，但是他知道，人生是有多种选择的。他选择了和生命的惨淡作斗争，而不是靠不切实际的空想战胜人生的苦痛折磨，所以，他成为了一个优秀的作家，同时创作了很多优秀的电影剧本。他本来看起来已经惨淡的失败人生被他经营得有声有色。

"世上本无路，走的人多了，也便成了路。"这句话是鲁迅先生说的。失败是让人无路可走的绝境，一味沉浸在绝境给自我造成的苦痛和自怜里，不如勇敢继续前行，柳暗花明又一村，也许希望就在眼前。路在前方，路在脚下。

第四章　活在当下，让你好好爱现在的自己

过去和未来，是我们人生旅程中如约相伴的美景，

我们或许时常怀念往日美好的时光；

或许向往明天的明媚阳光，却不能沉浸其中不可自拔。

因为，过去已经过去，永远不可改变；未来无法预期，变幻莫测；

只有当下才是我们最应该珍惜和把握的。

好好爱现在的自己，宁静地等待，守候当下，静看时光缓缓流逝于指尖。

和挥之不去的过去说再见

手中浓郁的摩卡还是有些难以缓解我哈欠连天的状态，我已经连续三天在公司加班到深夜了。而现在不过是刚刚入夜，我就已经精神萎靡了，接下来还有很多工作要处理。看着大楼窗外行色匆匆的男女，我有些怀念过去了。过去的我，也是这些男女中的一员，而且回到家还有熟悉的面孔和香喷喷的饭菜，而现在，这一切都不复存在了。

又是忙碌的一天，终于在加班加点后完成了今天的工作，打算赶快回

家。这个时间的城市已经很寂寥了，街上稀稀两两地有些人，我在这份寂静中缓缓坐上了末班的公交车。坐在车上的我，开始是昏昏欲睡，随着司机师傅过一段施工地段的一个急刹车，将我从沉睡中唤醒。迷迷糊糊的我，陷入了对过去的回忆中。在以前的城市待久了，我总是习惯缅怀过去的生活，而对当前生活的小城挑三拣四，好像什么都看不上眼。

那时候我们总是一起出门去上班，途中说说笑笑，下班后相约到菜市场买菜，回家后自制精美的菜肴，生活过得虽然辛苦，但是非常开心。有时候，如果一方回来晚，另一方肯定是要提前做好饭菜的。而且，我经常去参加各种不同的艺术沙龙，欣赏画展和话剧演出，甚至一度迷恋歌剧。我知道自己喜欢这样有文化氛围的城市。而现在，我为了一个更稳定的前程，只得放弃了这种身心能够得到巨大满足的生活，告别亲爱的闺密轩轩，而来到现在的城市。

我在这被父母安排的生活中勉强度日，觉得很不快乐。于是，总是陷入了对过去莫名的怀念中，还夹杂着些许的惆怅。闺密轩轩还留在原先的那个城市，过着一样的生活，而我却被裹挟到一个自己完全不喜欢的地方。

那些日子里我们患难与共，我们聊着共同喜欢的艺术作品、电视电影，甚至明星的八卦绯闻。我们的友情总是让我俩处于一种交锋的状态，两人总是妙语连珠，彼此互开玩笑，笑得合不拢嘴。

我想，我甚至有忧郁症的前兆了，对过去的怀念甚至到了一种疯狂的状态。但我却没有找过轩轩一次，因为我害怕，不过是去个一两天，并不能改变什么，可能会让我更加想念过去的日子。

总沉浸在过去的人，是无法集中心思在当下的，当下的一切对于我不过是浮光掠影而已，有些应付差事一样地度日，全部身心只沉浸在过去中。我们不能回到过去，不能改变现状，只有沉浸在对过去的伤悼中，无法自拔。

　　我知道自己这样很不好，于是试着不去想我们看画展、观赏歌剧、参加有趣的社会活动的经历，不去刻意拿两个完全不同的城市去比较，因为这样的比较根本毫无意义。

　　既来之，则安之。这是后来一个同学跟我通电话的时候说的，他在得知我的近况后，没有说太多，只浅浅地安慰了两句，过几天就邮寄给我一个树脂做成的向日葵。我当时不明白他为什么送我向日葵，后来才知道他的意思。向日葵无论如何都会让自己的金色圆盘向着太阳的方向，即使偶尔会有强光将向日葵照得干枯，它也会倔强地迎着阳光开放花朵、结出果实。

　　向日葵尚且有直面当下的勇气，我为什么就迟迟不愿意面对，总是活在过去呢？过去的美好已经逝去，适度地悼念后，就该投入对当下美好的创造中了。况且，过去也并不总是十全十美的，我在心中告诉自己。

　　终于，这样的心理暗示和朋友的鼓励，对我渐渐起了作用。我知道这个小城不是我的故乡，是距离我故乡不远的一个地方，爸爸妈妈只希望我有好的前程，才希望我在这里发展下去。而小城的特点就在于平凡的幸福和慢生活的节奏，这不也是我在当初生活压力很大的时候跟轩轩说起过的吗？虽然此刻我在这小城中依然忙碌，但我相信，只要我心中有一个对当下的期许，就能够理性面对过去，并好好地为未来奋斗了。

过了一年，我的生活渐渐步入正轨，基本上没有那些加班苦熬的岁月了。我开始慢慢融入这个小城的方方面面，它的安静，它的人情味，还有特色的地方食物，都叫我感到很满足。

过去的岁月于我仍是财富，只是我能够理性地看待了。在闲暇的时候，我会去那个城市看轩轩，一起闲话家常，喝酒叙旧。归来后，依旧能够在当下的小城生活中享受放松的乐趣。

我知道一个真正成熟的人是能够很好地面对自己的过去的人，不管这过去是好的，还是不堪的。我是对于美好的过往难以自拔地沉浸其中，才阻断了结交新朋友和开启新生活，而也有人因为对于过去的不堪难以面对，便选择彻底地封闭自我，在自轻自贱中度日，同样无法在新生活中做更好的自己。

过去的终归过去。时间的单向性从不允许我们能真正拥有时间，时间的存在就在于它的转瞬即逝，使瞬间成为永恒的唯一方式就是认真生活。如若不舍，就将过去定格，深藏在记忆的深处，敝帚自珍，偶尔拿出来赏玩一番，便继续赶路。若是感到难堪，也大可不必对自己盖棺定论，大可放开手脚开始新的旅程，过去的错误权当是对当下生活的一次教训吧。不管怎样，过去的就只能存在于记忆深处，而无法再真正拥有了。

我愿意，过一种和过去理性相处的方式，和挥之不去的过去说再见，告诉它，它只能在有限的范围内活动，而不能随意干涉我的人生。在某个审思自我的时刻，我可以自信地跟过去说："你好，旧时光，再见！"

更努力的人，才能得到更多的回报

生活中当我们遇到一些杰出人士的时候，总是以天才论解释这些人成功的原因，而我们之所以还在庸庸碌碌地活着，就在于天分不够。后天努力在我们眼中就变得不那么重要了，勤能补拙只是一句乡愿的鼓励而已，勤奋能补救笨拙的可能真的没有多少。

这是很多人的想法。所以他们放弃了努力的方向和动力，只叹息着自己不够聪明，哀叹自己并不那么走运的人生。如果不成功，肯定是没有天分，这是让我觉得哭笑不得的逻辑，原来成功的人生是这么简单地成就的。

从小彤彤就被父母和邻居家的悦悦比较着，从幼儿园毕业所去的学校，到考试的分数，平时所学的才艺，还有小学、初中和高中都上的什么学校，大学是不是名校，有没有出国。彤彤就活在这样被比较的一生中。在父母眼中，她事事落在邻居悦悦后边，成绩也平平，妈妈总是忍不住斥责她太笨了，不像是邻居悦悦那样有天分。这样被比较的人生像是一个诅咒，伴随着彤彤一直到二十几岁，以后还会伴随着她的一生。

这两个孩子都被当作两个家庭间比较的筹码，对这样的事情，旁观者听来都会觉得有一种深深的悲哀。不管是被比下去的彤彤，还是遥遥领先的悦悦都不见得有真正的快乐。

极度自卑的彤彤因为从小到大受到父母的影响，在后来的人生中也是极度自卑的，总是觉得自己做不成事情，谁都不如，这么多年，她就一直扮演着一个失败者的角色。她对人生的绝望和悲观可以想象。狂妄的悦悦可能真的以为自己是什么神童天才了，从小到大被鲜花和掌声包围，变得不可一世，到后来也鲜有什么大成绩，在工作中也不被上级赏识，业绩平平。

曾经的天才悦悦现在已经是很平凡的一个人了，甚至跟自卑的彤彤也没有什么大的差别。实际上，悦悦一直比彤彤强是因为她更努力，每天睡得比彤彤晚，被父母也逼得更紧。人一旦领先过一次，就无法容忍被超过的挫败感了。悦悦的父母不能容许自己的孩子有失败。在高度重压下，努力的悦悦就成为了"天才"。

我一直不相信什么天才论。看来真的不是谁比谁更聪明就可以解决一切问题的，而且人与人之间的智商也不会有太大的区别。更努力的人，肯定会有更多的回报，只有天分而不努力的人，怎么也不可能成功。

总是有家人朋友跟我鼓吹天才论。尤其是妈妈总跟我说，谁谁家的孩子考托福了，谁谁家的孩子在哪个知名公司担任 CEO 了，人家都是聪明人、有天分，咱一般人可比不了。这样的论调总是让我很无语。妈妈的这种先天决定论也给我带来了很大的困扰。我不想跟她老人家去争辩，但事实如何却还是需要明白通晓的，所以，我总是告诉自己，要保持对于勤奋和努力的尊重和信仰。

我们总是看到别人光鲜亮丽的一面，看到烈日下那耀眼的光环，却从未在意光环背后的一道暗影。这道暗影便是当初勤勤恳恳、力争上进的过往和现在。只有持续不懈地努力才能够赢得光环，赢来世人艳羡的目光。

我跟悦悦碰巧是朋友，是后来认识的，她总是跟我讲起自己这个亦敌亦友的邻居彤彤，讲到自己多年来是怎么处处跟她比较的，也夸耀了自己昔日的辉煌。我问她，现在怎么看待成功。她说自己真的没那么聪明，只是被父母逼迫而已，而且战胜一个彤彤并不代表自己就成功，是父母狭隘的教育害了她，现在她可是一事无成，因为她早已经放弃了努力。

我听后深有感触。只为自己活的人生实属不易，而且这只是一个前提，随后是一个怎么活的问题。不迷信天才论，别说天才罕见，即使真的是天才，也不该夜郎自大，而应该切实地去经历人生，去认真经营自己现在的人生，才能够问心无愧。总是有太多的人给我们的人生带来不同的影响。每个人都在自己所扮演的角色中用心地去生活，同时接纳或反馈不同的人对我们的影响，偶尔停下脚步休憩，然后继续赶路，过我们自己独一无二的人生，好好把握当下，才不枉此生。

快过年的时候，休假在家的我总是收到不同朋友的邀约，或者是多年未见的老同学的电话问候。那股心中的暖流总是不期然地温热我久已疲惫的心。我们的人生各有各的面目，却有一点是相似的，周边的朋友大都是脚踏实地的，即使是当年被大家开玩笑称为"小迷糊"的阿龙，现在也开了一家健身馆，过着自由的人生。再没有人因为他天性木讷而笑话他了，当年的"小迷糊"现在也已经是一个机灵的生意人了。我很为他高兴，为自己身边那些踏实努力的人而感到欣慰。我跟阿龙说，以后你的孩子也会很有出息的，有你这样努力的父亲做榜样。阿龙欣慰地点了点头，他知道从小很多人瞧不起他，觉得他成不了大事，现在他做到了，内心的幸福可想而知。

  天才论像是一种虚妄的诅咒，让很多人觉得天分起了主导的作用，但我相信一句话，"三分天注定，七分靠打拼"，只要功夫深，铁杵也能磨成针。还有什么事情是我们办不到的呢？只要我们还活着，作为一个自由的人在这世界上呼吸着空气和花香，我们就能够肩挑责任，大踏步面向前方，一步一个脚印地带着当下的自己进入美好的未来。我们的人生短暂，总有一天不过是深埋黄土的宿命，但只要愿意相信，我相信我们会靠着自己的双手创造一个更加美好的未来。

打开心窗，迎着阳光继续前行

生活的空间总是能给人的精神风貌带来很大的影响。鸟语花香的醉人之境，能给人的身心带来很大的陶冶，但若是穷山恶水的险途，人内心的忧思焦虑自然可想而知。此刻的我身处拥挤的公交车上，扶着身边的把手，小心翼翼地听着公交车报站的声音，生怕错过了站。我们的人生也是如此，如果不在困境中提起十分的精神，可能就会被这困境同化，要做的就是时刻竖起警惕的双耳，倾听象征着不同生活面向的报站声，做好迎接不一样人生的准备。

众生平等，谁也没有比谁更值得拥有怎样的人生，谁都有自己难以对外倾诉的苦痛，只得在漆黑的小屋子里偷偷抹眼泪，而从不与人言，自行消化完恶劣的坏情绪，打开房门，迎着阳光继续前行。是夸父逐日也好，还是后羿射日也罢，我们终归不会让自己停止步伐，生命不息，奋斗不止。

刚刚从学校毕业，来到这样一个大都市的小毕，每天都跟我在一起，几乎是形影不离。那时候，我还在这个城市读大学，而小毕作为我老家的朋友，到这个城市来打工，自然觉得跟我特别亲切。我知道我一个穷学生，缺乏社会经验，不能给小毕提供什么帮助，只得做他精神上的一个依靠。小毕住的地方我没去过，一般都是他来学校找我。有一次，在我强烈要求下，他才勉强地带我到了他的出租房。我当时惊呆了，他住的地方居然这么简陋。一处阴暗潮湿的地下室里，除了有一张床，他就没有任何家具了，日用品和炊具都很随意地摆在地上。这个地下室四处散发着一股子霉味，让人觉得透不过气来。我当时记得我眼圈儿红了。我不知道该说什么，只得口是心非地说："这地方也还行，比我想象的好。"

坚强的小毕并没有注意到我的情绪变化，只是在收拾着自己杂乱的住处，但好像怎么收拾都收拾不好。"总有一天，我相信我的生活境况会改变的。"也许是小毕的信心感染了我，我不再伤感，重重一个拳头砸到他的肩膀，"看你的了，哥们儿，我相信你。"

想想我们俩从小是一个乡镇一起玩着长大的，却不想现在我优哉游哉地在大学校园里过我的学生生活，同龄的小毕却不得不为生计而整日奔走，他的工作不过是一家物业公司的保安，薪水微薄。这样的生活小毕也能接受，我自知自己吃苦的能力比不上小毕。

回去的路上，我就一直在想，否极泰来的人生很多人都会经历，小毕不会比现在更惨了，他只要能挺过来，一定会有一个很不一样的人生的。到时候忆苦思甜，说不定也是一种乐趣呢。我在心中这样安慰自己。其实我根本不能确定小毕是不是能坚持住，是不是能有不一样的人生。无能为力的我，除了静静等待，默默送上祝福，也没有别的办法。

随着我四年大学生活的过去，小毕的人生轨迹也有了小小的变化。他现在已经不当保安了，虽然他依然住在那个潮湿的地下室里。他在一家医药公司里做销售，因为口才好，能干而有责任心，他现在已经当上了销售主管了。每月的收入也有了很大提高，足够他好好生活的了。我总是奇怪他怎么不搬家，那个地下室有什么好让人眷恋的，他总说，这叫忆苦思甜，那个地下室就是对过去苦日子的纪念，它总会告诉他，要继续努力，苦日子已经过去了，要创造更好的生活，让自己快乐，也让家人和朋友都幸福。

我开玩笑原来他是在学越王勾践，没什么文化的小毕自然不知道这个故事。我于是讲给他听，他笑了笑，说自己一个普通人怎么跟人家越王比。面临毕业季的我在找工作上处处碰壁，总是拉小毕出来陪我喝点小酒，也算是借酒遣怀了。小毕也不推脱，而且还是一如既往地坚持埋单，即使是以前他日子最苦的时候，他也没有让我出钱去请客，除非我一再坚持。我表达了生活的艰辛和苦闷，从小到大我就只会念书，现在倒好，念了半辈子书从学校出来，连个像样的工作都找不到。小毕作为忠实的听众，面带微笑地听着我絮絮叨叨倒完了苦水，沉默了几分钟，就给我讲了一个漫长的故事。这故事他从没跟我讲过，大概意思是说他刚刚进入销售行业，还有在地下室生活的各种不方便，他以前从未对我讲过。我认真听着，没想到他吃了这么多苦，远远在我承受范围之外。

故事是听了，小毕的现身说法还是管点用。第二天我就斗志昂扬地奔赴各大招聘会，希望能够有所斩获，不求最好，只求能找到一个比较满意的、自己又比较擅长的工作。忙忙活活几天下来，还是没有什么合适的，只有一家不起眼的小公司给了我机会，但我还在考虑中，毕竟对我来说这样的小公司只是不得已的选择。

小毕总是对于困难时期的我不离不弃，照旧陪着从招聘会上灰头土脸回来的我吃宵夜。我的坏情绪终于爆发了，我对他大喊："我不是你，我没有你能吃苦，行了吧？"

我知道这样的我很不堪，小毕没有生气，只是大声说："你现在不就在吃苦吗？看你能不能挺过去了，就像当年的我一样。"不知是一句话惊醒梦中人，还是坏情绪找到出口后的放松，我真的清醒了，表示自己一定要有所作为。经过不懈努力，我终于找到了比较满意的工作。

在我和小毕互相扶持着走过艰辛岁月的经历中，我相信"苦尽甘来，天道酬勤"，我不再是那个长不大的孩子，只知道躲在自怜的阴影下无法突破自我，害怕吃苦，也不敢走出去。其实，只要我们愿意坚持，什么样的苦痛都不过是再坚持一下就能挺过去的，勇者无惧呀！当我们多年后回顾当年的苦日子时，定会珍惜有过这样一个锻炼自我的当下。正如古人所言："天将降大任于斯人也，必先苦其心志，劳其筋骨，饿其体肤，空乏其身，行拂乱其所为，所以动心忍性，曾益其所不能……"

心存美好是夏日的一剂清风

　　心魔是最可怕的。有时候我们在生活中遇到问题，不是理性地去思考解决之道，而是用一种更为极端的方式硬碰硬，结果肯定是鱼死网破。情感可以给人多大的快乐，就能够给人多大的痛苦。几乎没有一件事情是完全正向的，总有我们不可预见的消极面，让人防不胜防。我相信，最好的方式是保持内心的平和。

　　想到曹操曾有言："宁教我负天下人，不教天下人负我。"这样极端自私、狭隘的心态自然不可取，所以曹操才会被后人称为"奸雄"。只想着自己的人，容易在捍卫自己利益的时候走入歧途，无法保持内心的平和。即使曹操取得了旷世伟业，拥有雄才大略，也不是一个值得众人效仿的对象。

　　背叛、忌妒、贪婪、虚荣和决裂，这样的事情几乎每天都在上演，我们无法阻止不美好的事情发生，无法对人性的自私和虚伪完全杜绝，只能在遇到它们的时候，自觉地与之抗争，不迷失真我，不浮躁。莎士比亚的四大悲剧之一《奥赛罗》就上演了一幕人性的劣根性带来的灾祸。奥赛罗如果不是轻信谗言，忌妒、自卑而又狭隘，怎么会被人利用，掐死了无辜的妻子苔丝德蒙娜，最后得知真相后追悔莫及，只得挥剑自刎以谢罪了。

我们崇尚人性的美好，像是古希腊雕塑中所塑造的健康美丽的人一样。每每凝视着大卫雕像，我总是艳羡远古之人的好修养。我愿意相信美好，这美好是夏日里的一剂凉风，清风拂面，缓缓吹入我们的心灵，人便清醒了几分。只要不绝望，就处处充满希望，是心中对美好的执念给了人内心的平静。

我告诉自己，现在的我还年轻，以后我的人生也会遭遇不期然的窘境，我一定努力不被心魔掌控，平常待之，好好经营当下的生活，不轻易放弃，也不太过固执，放下有时候也是一种紧握吧。希望这世界上的每一个人都能拥有一个轻松惬意的人生，快乐而安详，自由而平静。

踏实生活，成为一个足够努力的人

小雨细细地落在身上，在这个西南小镇上拜访朋友的我，看到当地朴实的老乡向我投来善意的目光，本来感觉到的丝丝凉意现在已经不那么明显了。难得出来散心，却不想总是赶上这样的坏天气，在屋里困了两天后实在憋闷的我，便打算在这微风细雨中踽踽独行，感受这个小镇的另外一面。

一直以来，我都告诉自己，要好好干，只要努力，我是不会落于人后的，努力的人生会有好回报的。家人也总是鼓励我，给我讲各式各样的励志故事，多是相识的人是怎么通过聪明才智和努力而取得人生的成功的。其实，妈妈从不奢望我真的成为多么有钱的人，只是希望子女们能够平平安安，内心安宁，无愧天地而已。

可是，真实的职场生活真的让我觉得身心俱疲。我觉得压力很大，我想我需要去度假，千挑万选就来了这个小镇，因为多年不见的老朋友在这边做市政工程建设，我就兴冲冲地来了。许久不见的我们先是一阵寒暄，然后回忆过去一起经历的种种趣闻，就开始谈谈近况。

我也从没过多抱怨过世界的不公平，我相信实干能够创造不一样的人生。但是现实却让我很不甘心。我不明白为什么团队工作会有这么多的问题，我不知道为什么我的努力轻易就被别人的懒散和不努力给消解了，这让我丧失了继续战斗下去的斗志。

我不想过随波逐流的生活，又不甘心努力得不到回报。这样的矛盾和纠结让我很难受。如果谁跟我夸口说他从不在乎结果，我肯定是不相信的，因为即使不能获取实际的好处，我们做事情无非是求一个结果，哪怕是内心的归属感，也是自己在经营当下获得的大益处了。

朋友善解人意，告诉我没有谁的人生是十全十美的，还告诉我，既然努力，就不要害怕失败，如果失败了，就证明不够努力。我为什么就不去努力协调团队间的工作关系呢？只顾着自己一个人往前冲，显示自己的本事。他甚至给我举了足球的例子。一个足球队里，不管前锋多厉害，射门多准，要是不跟后卫和其他队员配合，也是枉然呀。

好友的劝告总算没有白费。我恍然大悟，是我太纠结于结果了。这样患得患失的我，真是可怜又可笑。即使我的工作没有得到一个理想的结果，只要我努力去做，积极调度各团队成员间关系，尽心尽力，就问心无愧了。下次再遇到同样的情况，我自然有更强大的信心去面对了。肯定能闯过难关，不会再以不理想的结果而勉强收场了。

不去想结果是什么，只专注于自己在做的事情，这才是人应该有的状态，而也只有这样，好结果才会不期然地降临。人生有时候就是这样地矛盾。

其实想想，但凡有自己人生规划的人，都是脚踏实地地活在当下，而从不去过分计较个人得失，只是在每日辛勤的工作和生活中收获喜悦和泪水，感到人生的充实。多年以前还在大学念书的时候，很平凡的舍友小T，却做了一件至今我想起来依旧很佩服的事情，就是凭着他对法语的满腔热爱，他坚持每天早上6点半起床读法语，一直坚持了大学整整四年。这样的精神值得学习，现在有多少人能为了自己喜欢的事情付出这么大的努力，这份毅力不是谁都能做到的，热情当然很容易，谁都会突然对某件事情发生兴趣，但持之以恒地去坚持的人却是少之又少。

总觉得生活少了很多实干家，多的是巧舌如簧的能言之人，甚至有人秉承的职场生存学也是"做得好不如说得好"。这种错误的价值观肯定是有问题的。

无论什么时候，实干才是根本，真正有本事的人才能够让别人信服自己，改变世界，做最独特的自己。世界很大，性格千差万别的人都能共存，但重要的是要活得独特杰出，就该成为一个足够努力的人。

直到现在，我仍然继续努力着做自己，经营着只属于我一个人的人生。我不为名，不为利，只为了实现自我的价值，不断地提升自己，在人生的边缘上漫游的时刻也能够坦然面对任何的变数。在当下辛勤耕耘的我，只耐心等待着人生收获甜蜜和幸福的时刻了。希望如我一样踏实生活的人，都有一个美好的前程。

第二篇

角度不同，命运就有所不同

很多时候，决定我们命运的不是性格，而是我们思考问题的角度，以及看待人生的思维角度。当我们习惯从固定的角度看待问题和生活时，就难以跳出思维的框框，使我们的思维限制在无形的围墙之中。不一样的思维角度，就会产生不一样的结果，何不换个角度来看待人生，也许就会越来越接近成功。

第五章　转个小弯，让生活有更多的惊喜

我们的生活是丰富多彩的，而不是非此即彼的。
失去了并不意味着吃亏，失败也并不意味着完结，
很多时候只要我们的思维转个小弯，就可以让自己有不一样的活法。
生活已经很累，我们又何必太过于执着、非要一根筋地走下去呢？

给自己一点独立的空间

当一个人独立思考的时候，可以安静地让思想自由，面对的是真正的自己，与自己的灵魂进行对话，在思考和感悟中去认识自己，得到新生。

不管平日里再怎么忙，都需要给自己一点时间和空间停顿下来，此时可以保持自己的想法，维护私人空间，不必戴上各种面具，不需要委曲求全地做自己此时此刻不想做的任何事情，不妨戴上耳机，放一段自己热爱的音乐，听不到外界的声音，沉浸在自己的世界里，仿佛当别人都不存在一般。一个人的时候回想下近来的经历、碰见的人、说过的话和做过

的事情。

想着哥哥毕业快上班的时候，家里人聚餐，大人们就会叮嘱哥哥到了单位之后要少说多做，讲话做事都注意分寸，别想到什么就急不可待地说出来，那时候我还小，等到我长大，家里人不免也对我进行了同样的叮嘱教导。后来我逐步形成自己的行事风格，在进行专项工作的时候，我需要一个人有完全独立的空间，甚至是把自己孤立起来，拥有充分思考的空间。在不受任何打扰的情况下，专心专意地工作，起初身边的同事不太了解，在后来逐步的工作交流中，我提出了这种工作方式的有利点，并且也建议他们进行尝试，一些同事进行了尝试并且取得了不错的效果之后，大家纷纷效仿。拥有这种空间更利于一个人的独立思考性，并且对于团队来说，可以算得上是有明确的个人分工，在各自独立完成了自己的工作之后，再进行整合，效率可以得到大幅度的提高，减少了拖拉依赖的弊端。

舅舅是一个做科研的学者，头发有些花白，戴着厚厚镜片的眼镜，他穿着朴素。别人看着他的一项项学术研究成果觉得很敬佩，但是在大家庭里面他却经常被大家调侃。

经常听到舅妈说舅舅年轻那会儿，刚进工作单位，也不太爱和单位的人打成一片，每天就是独来独往的，有时候饭钱都会忘了带，但是就是不会忘记带一本书。

在评职称考英语的时候，舅舅就是一个人抱着书，不受任何外界的打扰，做科研课题的时候，整日和各种书待在一起。就这样，舅舅的学术研究一直都是受到单位里的人夸赞的。我调皮地问舅妈是怎么看上这样的舅舅，舅妈说自己傻呗，就看重了舅舅的俭朴、扎实、独立，说完舅妈一脸满足的笑容。而我也一直很喜欢和舅舅交流沟通，总能从他独特的视角里面学到很多东西，思想也能得到不少提高。

独立的思考让我意识到因为每个人的观点和想法存在差异，兴趣也不一样，在沟通过程中，很多时候因为缺乏真正的尊重和聆听，会产生比较激烈的思想碰撞或者争执。在这样的情况下，我会建议双方冷静一下，给予每个人一点独立思考的时间和空间，心情缓和后再次进行讨论，这样双方最终找到了平衡点达成一致。独立的空间让每个人都可以用真正开放的心态去接受不同的事物和看法。

把心腾出来，沐浴美好的阳光

清晨的阳光蕴藏希望，正午的阳光异常夺目，即便是黄昏的夕阳，也同样能让人充满期许，是对新的一天到来的期许。

"嘀嘀……"后面传来的一阵急促的汽车喇叭声把我从短暂的等红灯的沉思中拉回，继续开车往公司驶去。每天上班途中，看到眼神清澈、背着书包的孩子们，就像看到了很多年前的自己，如清晨的阳光一般充满朝气。看过池莉写的一本书，是关于教育孩子的。书上说，大家总认为不要让孩子输在起跑线上，这无疑是把人生当作了一场比赛，无形中营造了紧张的竞争氛围，但其实人生不过是读书、历事、见人、行路。人生所经历和遇见的人和事让我们不断沉淀，在不断的经历中去了解、发现、反省自己。要让谦虚成为一种生活、学习、工作的习惯，成为一种生活、学习、工作的态度，从一些小细节中得到收获。

因为上午有重要会议，所以今日比往常到得早，刚到办公室落座，就看到新进部门的实习生乐乐扶了扶眼镜望着电脑在一字一句地敲着今天开会需要使用的报告。初入职场的小姑娘有太多疑问，只有勤奋努力地学，小心翼翼地问，笨鸟先飞的劲儿让我不禁微微一笑，想起了刚进入职场这条坎坷的道路上，我和最好的姐妹小P是怎样一起携手走过的。我们曾在寝室里一起熬夜商量要如何修改简历，从开始奔走各家公司面试的第一天，从一起参加入职培训的第一天起，从第一次在网上聊起我们自己……

我和小P有很多相似之处，刚从学校毕业就来到了同一家大公司，那时的我们什么都不懂，别人给的任何意见和建议我们都用心记着，说什么我们都用心听着。心里想着一定要努力完成每一件事情，可现实却总是有那么多磕磕绊绊。我们再三商讨斟酌过的工作方案，却还是避免不了出现漏洞，依然被主管挑出各种不足。虽然每天忙得焦头烂额，整理出的数据、材料总是存在一些小毛病，主管交代的事情总是会忘记一些，但我们会每天都对彼此说一定要加油。个人私事、公司琐事交织在一块儿，曾一度让我们觉得有点撑不下去的感觉，那时的我们时常会想，当初，我们是否真的走对了路，我们是否做了正确的选择。当时也曾有过动摇，虽然我们一路跌跌撞撞，但现在看来，我们都还好好的。

看到乐乐有点焦头烂额的状态，我心生怜惜，主动走到她的位置前问她的工作情况，给她点明几条思路，指出一些问题，看着乐乐紧皱的眉头逐渐舒展开来，恢复了年轻小姑娘可爱的笑容。我的前辈也曾对我悉心指点，倾囊相授，新业务开发上线的时候，前辈们所一贯秉持的谦虚态度也一直提醒着我自己该如何去做。如今，对于新人的传、帮、带和这种谦虚态度的传承也是我自身成长的一种方式。一棵小树苗的成长需要不断地汲取养分，迎接每天的阳光，参天大树会有长成的那日。只要努力，就一定会越来越好。

一转眼，已经毕业五年，五年来的点点滴滴都是我和小P成长的脚步，都记录着我们破茧成蝶的经历。

现在，我们都处于公司要职，我觉得一切似乎都在朝着好的方向发展了。耳旁表扬的声音渐渐多过了埋怨和不满，一些原来很棘手的事情现在变得易如反掌，知道了很多方法去解决一些原来觉得很复杂的难题。可不管在工作上多么得心应手，还总是会碰到一些让人措手不及的事情，即使最后妥善解决了，却也找不到最初的那种成就感和快乐。身体上的疲劳并不是最难熬的，被别人冷嘲热讽才是一种心理的煎熬，让如此热爱快乐的我们总是在一起相互倾诉、讨论，阻挡了我们寻找快乐的前进步伐。

很偶然的一个机会，我们与总裁聊天，我问总裁他为什么能这么成功，总裁笑笑说，保持谦虚，保持低调。你保持谦虚、不断学习就是一个不断完善自我和获取成功的过程；如果你不保持低调，那么，也许你花费了很多时间，努力地去工作，用心地去实现你想完成的事情，最终却得不到你想要看到的结果。

回想与总裁聊天的内容，再细细琢磨我们为什么会找不到最初的成就感和快乐，或许是因为我们在不断学习成长过程中，虽然将专业技能和管理能力已经提升到了一个高度，但年轻时的那种张扬却未曾留意收敛。

快乐，是我们一直都在努力追寻的东西。我们希望工作的时候尽心尽力，休息的时候满心欢喜，努力地工作能够给自己带来好的回报，不会为一些柴米油盐的事情牵肠挂肚。我告诉小P，以后她的孩子，至少应该是一个热爱生活、快乐生活的人！热爱生活、快乐生活，多美的字眼啊，我们希望能在一个悠长的下午沐浴在阳光下，躺在草地上，聊着许多不着边际的话题，能在家里做上一桌好菜，叫上三五个好友畅饮几杯，聊聊工作、聊聊我们的生活；去自己想去的地方，看自己想看的风景，走走以前憧憬过很多次的路。这些美好的愿望放在我们心里等待实现，偶尔想起，也是我们为之努力奋斗的目标。

以前小P说，我们远离家乡来到这里，我们的生活态度、工作态度让我们逐步地融入这座城市、这个社会。她觉得她已经爱上了这座城市，想一直在这里快乐地生活下去。既然是为了一直保持我们的快乐，那就得把一些习惯放入我们的内心，我们永远都不知道我们的未来会是什么样子。我们身边的每一个人都有自己的优点和长处，谦虚和低调才能让我们不会停下寻找快乐、寻找梦想的脚步。其实，一直保持这样就成为了习惯，习惯是一种潜移默化的行为，既能影响我们，也能指引我们。

一早上一直在回忆和思考着……我们对自己有所期待，对我们热爱的生活也有所期待。相信自己，坚定自己的内心，保持谦虚和低调来寻找我们的快乐，我们一起抬起头面带笑容去迎接美好的阳光，一起默默许下祝福，祝福我们每天都能快乐。

别让爱与热情结成了冰

爱情和亲情的慢性致死之一的大凶手就是冷漠。相处的时间越长，两个人彼此之间便会越来越熟悉，久而久之，少了当初两人甜蜜时期的恩爱包容，反而相互之间更容易泼冷漠的冷水。

人的内心都有一种反抗的心理，那么自然而然对付泼冷水的方式无非就是两种，一种是同样一盆冷水反泼回去，而另外一种就是保持沉默，提醒自己时刻保持警惕，不会再将自己任何快乐的、得意的、开心的事情与这个人进行分享。

可是我们想一想，无论是哪一种方式，都会让双方相互疏离，双方越走越远，或许有一天就成了陌生人。

有一次和同学们聚会，其中一个同学现在成了一名著名的室内高级设计师，当我们聊起关于家庭的一些话题时，他不禁对我说道，他现在最不能忍耐的就是不管他有什么好事迫不及待地和他太太进行分享的时候，他的太太却总是有意无意地泼他冷水。

前段时间他过生日，当他下班之前打电话跟他太太说晚上不能回家吃饭，因为公司的同事们决定一起为他庆祝生日时，没想到曾是他大学同班同学的妻子马上嗤之以鼻地说："喔？你何德何能？好端端的，为什么你们同事要帮你庆祝生日？你没这个魅力吧？"一句话使他的满腔热情结成了冰，心想，要是早知道你说话这么刻薄，下次不回家吃饭，我就不告诉你，本来还想邀请你一块儿来参加的，算了，要是真来了，还指不定说出什么让我难堪的话。

其实，他的太太说的话并不表示瞧不起他，如果真的瞧不起，又怎么会与他结婚，并且在一起生活这么多年呢？只不过是不太会说话，没有正确地表达自己的意思而已。可是往往被人指出过"不会说话"的这些人，通常很少有人会意识到这是自己的短处，反而还总是会沾沾自喜地认为这是自己直肠子、说话不拐弯抹角、不世故的体现，甚至还会暗暗误以为这是自己的一个优点。如果都是这样认为，别说改进了，连正视这个短处的概率都很低。

我曾在百货商场看到一对中年夫妻一前一后地走着，商场里面有些专柜在做特价销售，太太刚从特价柜上拿起一件衣服在身上画划比画，她的先生立马快步走过来，大声斥责妻子说："这么难看的衣服，比画什么，快放回去！"不知是太太受到了惊吓还是迫于丈夫的斥责，马上丢开衣服，尴尬地看着和她拿起同样衣服的人，立马低头往丈夫的方向走去。

周遭的人都以同情的眼光望向这位太太，一边为自己的审美品位在大庭广众之下被批判而觉得心里不是滋味。

这样毫无顾忌地斥责他人的欣赏水平所构成的伤害和当面斥责别人是

个傻瓜有什么分别呢？

亲子关系亦然。朋友李睿经常和我聊起她和她母亲之间的关系。她自小和母亲关系比较疏远，原因几乎都来自她母亲那泼冷水的专长。她自小喜欢读书，成绩也不错，是老师们关注的好学生，偶尔考了第二名时，她母亲首先问的第一句话居然是："第一名比你多多少分？"而不是帮着她一块分析原因，鼓励她下次继续努力。如果像往常一样考了第一名，她高高兴兴地回家，把成绩给她母亲看，原本以为这样总能得到母亲的夸奖了吧，可是谁料到她母亲说的却是"成绩好有什么值得骄傲的，知道女孩子什么最重要吗？女孩子品德最重要。古话说得好：女子无才便是德"。

都说女儿是母亲的贴心小棉袄，在她母亲生日时，她拿出自己平时存下来的所有零用钱，很用心地挑选了一份她觉得很漂亮的生日礼物送给母亲。让人诧异的是，她母亲觉得浪费钱，要她拿回去退掉，委屈得她眼泪都要掉下来了，抗议地说道："浪费我的一片好心！"更让人想不到的是，她母亲回话说："浪费这钱做什么，不知道我平时多辛苦吗？没揍你你就知足吧！"

她一直试图改善这样的母女关系，比如说刚打开门回到家，马上就热情地叫一句："妈，我回来啦！"听到的答复却是"回来就回来了，鬼叫什么"，想赞美下母亲的做菜手艺，却被一句"天天不都是这么做的，说那些有的没的做什么"这样的话把感激的热情降到冰点。有时候"忠言逆耳"是可以给予人警醒作用，但那也只是用于偶尔敲敲警钟而已，亲人之间相处更多需要的是温暖。哪怕你习惯了这样的说话方式，说者不见得开心,听者却更是极为伤心。

人非钢铁,血管里流动的是热泪泪的鲜血,爱一个人的心能承受几次这样的伤?张爱玲曾说过:"爱的相反不是恨,而是冷漠……"冷漠会将任何感情抹杀得荡然无存。

敢于将失去看成是一种幸福

当我听到詹姆斯的创业经历时,我一直为之感叹不已,我不知道,这样的创业之路究竟是他有意为之,还是无心插柳,但无论如何,他确实成功了。

詹姆斯在创业之前,曾经在一家小公司做了十三年的文案工作,要说做生意,他是一点经验都没有。但他明白,一辈子给别人打工,是不会有什么前途的,必须干出自己的一番事业。于是,他带着这十三年的积蓄开始了自己的创业之旅。

34岁的詹姆斯首先入驻乔治亚郊区的一个蔬菜批发市场,开业没几天,詹姆斯的蔬菜批发生意就吸引了大批的顾客。原来,詹姆斯的蔬菜价格在市场内一直是最低的。本来,价格战就是市场竞争的一个常用手段,尤其是对于一家新店来说,更是如此。但詹姆斯的价格战却与别人不同,一般来说,价格战是用低价提高销量,用薄利多销的方式创造利润。然而,詹姆斯做的却是零利润的生意,也就是说,他从菜农那里进价多少,就卖多少。这就意味着，詹姆斯每天不仅赚不到钱，还要自己倒贴水电费、房租等费用。

同行们都很不理解，他们经常嘲笑詹姆斯说他是来做慈善的。他们倒不害怕詹姆斯抢了自己的生意，因为他这样的生意方式是不可能长久的。亏本的生意谁能一直做下去？果然，没到半年，詹姆斯的蔬菜批发小店就停业了。客户们都很惋惜，毕竟，詹姆斯卖的蔬菜实在是太便宜了，很多人都会慕名前来买菜，但这个结果也是大家预料之中的。

但没多久，詹姆斯又再度起家，这次倒不是做蔬菜批发，他的几家杂货店又开到了居民区里。与之前相同的是，詹姆斯仍然做着零利润生意，所有商品仍然以成本价出售。又过了半年，这些杂货店又都关门了，但他的干洗店又开张了。就这样，詹姆斯用了两年的时间，不断地换着行业，做着自己的亏本买卖。

大家都很不理解，詹姆斯付出了这么大的成本，究竟图个什么？难道真的是在做慈善吗？虽然他的每个店只要开张，就会成为同行里生意最火爆的商店，但这样一直亏本也不是个办法啊。詹姆斯的亲友们也都一直劝诫着他，詹姆斯毕竟已经不年轻了，这两年里，他浪费了大把的时间，积蓄几乎都没有了，却什么都没得到。

詹姆斯却完全听不进去，直到第三年，詹姆斯在乔治亚做起了中国什锦生意，这在乔治亚还是全市独有的。乔治亚的人们都等着看詹姆斯的笑话，看詹姆斯这次又能支撑多久。但出乎意料的是，詹姆斯这次似乎是决定一做到底了。

詹姆斯的中国什锦生意从开张开始就一直生意火爆，两年来的零利润生意为他在乔治亚积累了极大的好名声。他的中国什锦又都那么地新奇、美丽，良好的质量、繁多的品种让乔治亚的人们流连忘返。一年后，詹姆斯的中国什锦店已经开了六家分店，却仍然没有如以往一样关张大吉。

原来，这次詹姆斯并没有采取零利润的经营方式，相反，由于整个乔治亚里只此一家，詹姆斯的每个中国什锦都蕴含着大量的利润。络绎不绝的生意让詹姆斯赚了一大笔钱，当其他商人看到商机，想要分这块大蛋糕时，却无奈地发现，人们几乎只去詹姆斯的店里，即使他们的商品更加便宜，也没多少人驻足。

詹姆斯失去了两年的时间，也让大部分积蓄打了水漂，但他最终仍然是一个成功者。两年的投入让他的店铺成了乔治亚市最实惠商店的代名词。所有人都相信，詹姆斯是个傻小子，愿意自己亏本，来卖零利润的东西。但现在，詹姆斯早已把过去失去的那些时间、金钱都赚回来了，成了乔治亚最成功的商人之一。

我想，詹姆斯一定是个聪明人，才能用这么聪明的方法去创业。但又有几个人敢于这么做呢？太多的人看重的是眼前的得失，就算得不到多少，但得到总比失去得好，毕竟，"好汉不吃眼前亏"嘛！然而，失去真的就是吃亏吗？很多人之所以能够成功，能够得到那么多，不正是因为他们勇于失去，勇于将失去看作一种幸福吗？

细细地品尝幸福，享受弥久的时光

我愿意相信一种说法：神秘人在我们出生时往我们的身体里注入了固定的幸福总量。每个人的幸福总量并不一样。有的人的幸福可能只有指甲盖那么大，有的人的幸福或许整个身躯都装不下。但人们是否觉得幸福的关键不在于总量的多少，而是品尝幸福的方式是否恰当。

假设我们的幸福都装在身体里的一个盒子里。有些人很早的时候就把盒子整个倒出来，一泄而尽。有些人迟迟没有打开盒子，等尝尽了艰辛痛苦之后才揭开幸福的盖子，有些人会在生活觉得苦的时候舀一勺幸福尝尝，然后盖上盖子继续生活，等下一次快要坚持不住的时候再来一勺，让自己记得幸福的滋味，并且能不断地为了幸福而去努力追求。

就算是整个身躯都装不下的幸福，如果粗暴地一泄而尽，那以后也只剩下磨难和苦涩了。就算是指甲盖那么大的幸福，如果你细细地品尝，那享受的时光也会久一些，甚至贯穿你整个人生。

左雅回到从小生长的地方，因为结束了一段感情，尝试了、哭泣了、总结了，身心疲惫地离开了她曾经所在的城市，回到家乡后重新找了一份工作。收拾整理好自己，因为公司离家太远，加上新工作需要熟悉，有高强度的工作量，左雅成了一个天天住在公司的宿舍里、靠着食堂大师傅养活，把整个身心无私奉献给工作的绝对小白领。一年的时间很快，一个叫常宁的男子闯入了左雅的生活。两人相处融洽，为了不加班，左雅不断地提高工作效率，每天都赶在 6 点前尽量把手头上的事情都做完，等着按时下班。她穿着高跟鞋，踮起脚在菜市场的污水地上走来走去，买好菜回家做好饭，两人美餐一顿，吃完饭两人便窝在沙发里看看电视聊会天，美好的一天就这么慢慢结束了。

虽然生活就是这样忙忙碌碌，但是也能一点一滴地品尝到幸福的味道。冬天里，左雅不想起床的时候就会对常宁嘟囔着："不想起床，我要辞职，你要养我。"工作不愉快了，也会对着常宁抱怨："今儿真不顺心，做得多，出了问题还被训，我不管，我要辞职，你养着我吧。"有时候想出去旅行了，要不左雅没时间，要不常宁没时间，她就嚷嚷："我要辞职，等你一有假期，我们就出去玩！"常宁都会温和地对她说："小雅，你怎么说我就怎么做，只要你开心。"总是这么叫嚷着，可是左雅还是没有辞职。

其实这些都不是辞职就能解决的问题，忙碌的工作也能带来一种满足的幸福感，常宁的陪伴又是左雅心灵依靠的幸福。人生是需要慢慢来品味的，懂得追寻什么，懂得舍弃什么。天气好的时候，两人会回到常宁的家里，和父母一块儿共度周末，饭后一块儿散步，妈妈提醒爸爸出门别忘了带手机，爸爸说我想要联系的人都在我身边，我带不带手机没有关系。常宁就如他父亲一般真挚而温和，左雅觉得这也是一种优良的遗传吧。

有一次，左雅突发奇想地问常宁："如果有一天，我需要回家一段日子，你同意我去吗？"常宁想了一会儿，望着左雅轻柔地说："你去吧，我会经常去看你，给你送去你喜欢吃的东西。"左雅感到很心安，她很怕常宁会问为什么，或者是不允许。常宁的表现和回答让她深深地感受到了他会一直在她身边。

　　幸福的方式如果运用得当，看上去可以弥补幸福总量的差异所造成的人们对幸福的差别感受。可惜的是，幸福的运用方式并不为我们所控。那个盖子什么时候打开，我们谁也无法预知。但是，我们可以做的是努力去尝试创造更多的幸福，不管幸福的盖子什么时候打开，我们不断地往里面添加幸福的元素，让幸福能够不断地延续，在盖子打开之后，慢慢地一点一点地品尝和享受，不要操之过急。

　　生活就像文章一样，也许会先让你沮丧了，但是马上又给予你希望。接着又告诉你希望的来源并不为自己掌握，可是你却能继续努力去创造。

　　可是我想我们都应该相信：不管你拥有哪一种幸福总量，不管你使用哪种品尝方式，你都要坚信，你的身体里一定有这样一个幸福的盒子。不管它现在是空的还是尚未打开。只要幸福存在，你都要感恩，要微笑，要快乐，你的幸福需要自己去把握、去创造。

用心把握身边的那些美好

对于前方的未知路，心中总是怀着忐忑，不知道会遇见谁，不知道会发生什么，对于手中所拥有的，请紧握并且珍惜，对于还没到来的，请用你的真心去相信，并且相信你将要迎接的是一份美好，并且那些美好也许就细微地藏在你身边，把眼光放在你身边吧，也许已经被你忽视很久了。时常感恩，在生活工作节奏如此之快的今天，能够让我们一直保持着心中最柔软、最温暖的部分。

公交、地铁车厢里，怀抱婴儿的母亲，年迈孱弱的老人，个头不大的小朋友来到你身边的时候，你是不是有主动让座的意识呢？应该每个人在小学的时候都会被要求写日记吧，我想每个人的日记本里面都有一篇"我今天给老爷爷或者老奶奶让座了"的日记内容吧。我们自己也有这样一天，当我们自己成为老人的时候，如果有年轻人让座位给自己，会不会觉得这个社会还是美好的？想想自己年轻力壮的时候，也会很主动地去让座，老来得到他人的回馈，这样的生存环境是不是都能让我们的生活幸福感倍增呢？

母亲最近一直忙着中学母校100年校庆演出的排练，周末要演出。以前在学校的时候，母亲就是文艺积极分子，所以这次母校百年校庆，她自然很乐意参与。因为我一直工作比较忙，父亲也在外地出差，母亲特意提前了一个礼拜问我能不能在周末陪她一块参加校庆看她的演出，我知道这对于母亲来说是多么地重要，所以我把周末的时间全部腾出来，我周末全程陪同，身兼摄影师、物品管理员、装扮顾问、司机……有了我这个后援部队，母亲可以轻轻松松参加节目的表演，不用顾忌一些琐碎杂事。时间离表演的时间还很长，遇到了很多母亲以前的老同学，大家都亲切地打招呼、询问近况，有些是很多年没见的老朋友了，大家全程一直不断地相邀着合影留念。母亲还带着我找到她曾经上课坐的位置，她曾经练习排球的球场，自然，给母亲在学校里拍下了很多照片。精彩的演出完毕，回家的路上，母亲累得在车上就已经睡着了，我把车里的音乐调小，好让母亲能够静静地睡会儿，平稳地把车开到家。车停好后，轻轻拍了母亲肩头告诉她到家了。进家门后，母亲一脸倦意，不经意地说了一句，幸亏这个周末我能一路陪着她彩排、演出，才让她没有任何顾虑。虽然是一句不经意的话，但让我感慨颇多，让我想起小时候母亲每个周末骑着自行车带着小小的我学钢琴，到处参加比赛，参加钢琴过级考试：报名、登记、督促我练习，操心着我吃喝、比赛情绪状态。如今，我也能有机会为母亲做着同样的事情，把那些美好和感恩放在心里，做出实际行动。经常可以看到各种网络上面很多人发布各种对于父母亲的一些感谢或者表达心意的内容，但是我觉得作为儿女来说，更多地为父母做一些实际行动其实是很简单的事情，送话语祝福挂在上面。年迈的父母们或许并不懂得使用网络，也不常常使用网络工具，他们需要的只是儿女为他们做一些对于我们来说很小、很细微的事。

每天出门的时候，是否留意天气，如果会有大雨降温，会不会想着要提醒我们的父母们记得多添一件衣服，带好雨具，千万留意别受寒感冒了？作为子女，更应经常回家陪陪父母一起吃晚餐。过年过节，家中的老人都期盼着儿女能回来一块度过节日，做了满满一桌子的菜，如果儿女不回家，满心的期待就会变成失望。其实，平日里老两口在家里就是一点简单的素菜对付着过。在外地的游子们时不时和家里人通通电话，家人才是一直在你身边最无私地为你提供一切的后盾，是永远温暖的避风港。那种心灵相通、血脉之情是任何东西都无法比拟的。

　　最美好的事是有人爱着你，最安心的事是有人支持着你，最幸福的事是有人陪伴着你，最奢侈的事是有人等你。善待爱你的人，回报支持你的人，珍惜陪伴你的人，感恩等你的人。常怀一颗感恩之心，让感恩常在。让我们一起表达出我们点滴的感恩之心，让我们的爱传播得更远、更久，身边的这些点滴美好，请紧紧握住。

坏事情总有过去的一天

　　乐观让我们有了"美好的信念",让我们更加相信会有美好的事情出现。一切的和谐与平衡、健康与幸福,都源自乐观的心境。瞿秋白说:"如果人是乐观的,一切都有抵抗,一切都能抵抗,一切都会增强抵抗力。"

　　在李宜的身上,我看到了乐观,正是因为他的乐观,不断鼓励着他身边的家人,让他和他家人才一同度过了那段艰苦难熬的日子。晚上,接到李宜的电话,他这两年来因为母亲患肿瘤疾病的事情,让他和家里人过的每一天都像是煎熬,在近两个小时的电话中,他告诉了我这两年来他是怎么和家人一块陪着母亲战胜病魔的。他说,最重要的其实是心态,一定要保持乐观。在李宜母亲做完 CT、血液的化验结果出来后,听到医生的分析说情况比较恶劣,治愈的可能性很低时,全家人的心都感觉在下沉。感觉天花板似乎在转,全身的力气就像是被抽掉了一样无力。父亲的眉头紧锁,他们父子二人还要安慰母亲说问题不大,要积极配合医生治疗,只是花的时间长一些。母亲半信半疑的眼神让李宜更加难过,但是还是得强忍住泪水来安慰母亲。

　　其实他知道父亲一直是把情绪隐藏着的,没有表现出来,但心中一定是难过无比。李宜不断地告诫自己一定要乐观,要把这种乐观带给父亲,带给母亲，带给家里每一个关心他们的人。只有这样，大家才能不在母亲面前露出马脚，他相信就算是治愈的可能性低，但是不代表没有，所以他很快地把母亲的住院手续办理好，早日让母亲接受治疗。

李宜一直都没有睡着，半夜，听到老父亲的鼾声没了，他便走到他床边摸了摸他冰凉的脚，用热手紧紧地捂住了好一会儿。老母亲也是翻来覆去，他知道母亲一直没睡着，身体上的病痛加上精神上的忧虑，让她心里也怪不是滋味。看着母亲浮肿的双眼，他告诉母亲说："妈，你一定要休息好，身体机能好了，才能更好地配合治疗。"又转身跟父亲说他们也要休息好，每天都有很多事要忙。说这些的时候，李宜说他自己已经泪流满面了，想着父母都没能安然入睡，他又怎么睡得着。

所有朋友和亲人去探望的时候，都告诉他们一家说要乐观，积极地去面对所有的检查和治疗，一定要乐观地去看待这些事。他必须坚强，必须乐观，他要在照顾好母亲的同时也要注意父亲的健康，只有全家人的心态都很乐观，心才能相互紧紧依靠，才能共同勇敢地去面对病魔并且战胜它。他在父母面前每天都是满脸笑容，把每天发生的新鲜事、开心事都告诉给母亲听，并且不停给母亲加油打气，也不断地鼓励父亲，因为他坚信这样的情况一定会好转！

不知不觉，两年的日子过去了，李宜母亲的病居然奇迹般地有所好转，正在往好的方面改善，医生们也非常惊讶，李宜与父亲还有家里的亲戚们更是激动不已。他握着父亲的手，父子俩几乎哭着抱成一团，相互拍着后背，悲伤的情绪终于远远抛开。

母亲也更积极地配合各项治疗，虽然有些治疗很痛苦，一些药难以下咽，但是所有的亲朋好友都在给他们鼓励，都说病有所好转，多亏了全家人的心态那么乐观。

  在我们每个人的成长过程中，无疑都会经历无数大大小小的事情，会遇到各种顺境与逆境、快乐与悲伤，而乐观是一种积极的生活态度，无论在什么情况下，即使情况再差也保持乐观，我们得相信坏事情总会过去，并且相信美好的生活总会到来。

第六章　限制思维，会让你困在原地

我们的头脑中都有一道无形的墙，使我们陷入了固定的思维定式，

抹杀了我们的潜能，阻碍了我们走向全新的人生。

如果我们不打破思维的局限，将会使自己困在原地，

永远也走不出那片狭小的天地。打破思维的墙，

我们才能拓宽视野、挑战自我，改变人生。

关上一道门，打开另一扇窗

　　淡然于心，从容于表，优雅自在地生活。追求，就会有失望；活着，就会有烦恼。不要把什么都看得那么重。人生最怕什么都计较，却又什么都抓不牢。失去的风景，走散的人，等不来的渴望，一切全都住缘分的尽头。何必太执着，该来的自然来，会走的留不住。相信一切都会是公平的，阳光永远存在。

　　小古姐在公司里是出了名的女强人，还有两年就到不惑之年了。在我逐步走向管理层后，才和小古姐逐渐有了工作上的交往。了解到她进入公

司快15年了，靠自己的努力，从公司最普通的一名职员做起，如今已经是为数不多的女总监了。

跟小古姐熟络起来，刚开始我以为可能是因为我刚进公司的时候和她当时刚进公司时的岗位一样，加之我做事得力反应快。后来有一次我站在同事的位置上和同事讨论工作上的问题，突然感觉腰被人轻轻掐了一下。因为当时讨论得比较火热，加之平时也经常有同事会和我开玩笑，我没太在意，后来发现有人站在我身边停下的时候，我才转头一看，恭敬地叫了一声："古总！"她很自然地说了句："这里忙完来我办公室一趟，有事找你。"

小古姐年近40岁，却不见有孩子的迹象，但是却戴着一枚2克拉的钻戒，她的婚姻状况一直让大家捉摸不透。有人说她结婚了，老公在上海，但也有人说她没结婚，又无法解释戒指的来源。可是终归她是高层领导，众人也不敢多加议论，只是偶尔随口说几句而已。

有次和小古姐一同外出办事，正值下雨，于是下车后撑着一把伞一块走着。我当时用了新买来的香水，她就问我是不是换了香水，我当时特别惊讶于她的细心，连这种细节都能注意到。后来也逐渐习惯了她的细心，每次我做了头发置了新行头她都会和我聊上几句。

因为和同事讨论的事情比较复杂，当商讨出结果的时候快接近下班的时间了，我立马走向小古姐的办公室，轻敲三声，听到"请进"后推门而入。谈了约一刻钟工作的事情，最终确定了几项重点工作的进度后，小古姐说："下班后有空吗？陪我去买点东西。"我点点头。

收拾完东西，驱车直奔商场，陪着小古姐几乎从头到脚都置办了一身新行头,就像她平时干练的工作风格一样,一个小时结束所有试装付账。之后我们来到附近的日式料理店吃晚餐。

一边喝茶一边等餐的时候,我们开始聊了起来,她问我是不是对于她的婚姻状态很好奇,我笑了笑,不置可否。她告诉我,她结婚了,但是现在也已经离婚有一段日子了。前夫也是集团里的一个总监。当初两人都是丁克一族,所以她也没计划过要孩子,家里就养了两只很漂亮可爱的小泰迪。平日里对于自己的体重严格控制,衣服搭配得体,装扮精致,定期做面部和全身的保养。

像她这样注重生活品质并且过得精彩的女人谁会想到竟也遭遇到婚变,"但我并不觉得这是我的不幸",她特意强调了这一点。不知道是什么时候她前夫思想发生了转变,想要孩子了,但小古姐一直犹豫着是否放弃丁克的生活,这些年来,她已经习惯现在的生活,工作上再繁忙再累她都能轻松应对,但是她不确定一个小生命的来临她能不能适应。她的责任心也特别强,她不想在没有考虑清楚时就匆忙地作出决定,免得对谁都不好。可能因为小古姐的犹豫,他们之间出现了第三者,一个年轻的女子怀了他的孩子。他们坐下来一起认真地谈过一次,他选择对孩子和年轻女子负责,故事情节毫无新意,小古姐也不想难为彼此,快速利落地离了婚。

其实她不说,谁都看不出她像一个离了婚的女子,她告诉我,她只要一有时间就会坐在家里的花园里喝喝茶,看看书,定期做一些面部和身体的护理。小古姐品茶我是知道的,她的办公室里面有一套上好的茶具,茶几上有二十来种茶叶。品茶之人均有自己的一份宁静心境。

她跟我说不要为她发愁,觉得离婚了就是件不好的事,精彩说不定马上就会到来。我试探性地问这是不是话里有话的意思，小古姐灿烂地笑着说我就是鬼精灵。

原来小古姐这些日子里，在一次商业酒会上结识了一名美籍华商，两人一见相聊甚欢，无论是在工作上、生活上，还是对各类事物认知上都有着惊人的默契。两个人也非常惊讶，真的有一个这样像自己的人存在。两个人迅速坠入爱河，小古姐还告诉我，她已经向公司提出了辞职，因为这位美籍华商在国内投资前期考察已经完毕，将回到美国正式开展投资业务，希望她能一起过去。她过去之后可以帮他一起打理生意，并且凭她这些年的经验足以胜任，又或者重返校园，她说自己也想通了，孩子的事情随缘吧，说不定上帝会派来一个小天使给他们。

晚餐我们进行得非常愉快，聊着各自的人生规划和生活态度。聊起平时我心中的一些郁结，在交谈中，都自然而然地化解开来。其实生活有很多扇门，打开关闭都在于自己。不要认为是生活在和自己过不去，不要让任何看似低谷的东西把自己的人生变得破败不堪，从容并且认真积极地去面对，好的总会到来。

上帝关上一扇门，必会为你打开另一扇窗。你失去一种东西，必然会在其他地方获得馈赠。做人其实无须很复杂，凡事看淡点儿、看开些，无论失去什么，都不要失去好心情。不以得而喜，不以失而忧，顺其自然，若是注定要发生，必会如你所愿。不执着于一念，舍得放下，让心中一切更加开阔。

感激生活中的不顺与挫折

　　我一直认为世界是公平的，所以这个世界就总是会在你满心欢喜还沉浸在无限享受里时，在你毫无防备的情况下让你伤心难过。可以在你失望灰心觉得自己坚持不下去想要放弃的时候，又给你一些动力，让你能够看开之前的不快，这些动力最终成为你坚持下去的理由。在你遇见美好的时候，一定要牢牢抓住，也许说不定什么时候，失望、不快就突然冒出来，但是，不管怎么样，在你难过、伤心之后，还是要相信一切都会好的！你经历了这些，你的内心会变得更加强大，能承受的也会更多。

　　阳洋在高中毕业之后，因为高考失利，家庭条件不怎么好的他也没有去复读，像有些人一样去国外读不知名的大学对于他来说是想都不敢想的事情。阳洋为了缓解家里的困境，找了一份业务员的工作，一点点做起，毕竟他也成年了，该给家里分担一些生活上的重担了。

　　阳洋是个做事踏实、勤奋卖力的孩子，业绩直线上升，工作了几年，交了一个女朋友小媚。小媚家境不错，但刚开始小媚并没有告诉她自己的条件优越，他以为自己的女朋友和其他普通女孩子一样，只是个上班族而已。阳洋喜欢写一些东西，写出来的文章干净清新，经常被小媚抢着看。小媚喜欢徒步旅行，喜欢拍照，经常在阳洋休息的时候，两人跑遍城市的大街小巷、各个角落。小媚就拿着相机拍各种人文风景，还时不时地教阳洋摄影知识。渐渐地，阳洋也能拍出很好看的照片，照片中的女主角都是小媚。两人还喜欢把拍下来的好照片冲印出来，阳洋会配上几句简单的文字附在照片旁。逐渐地，两个人积攒下来的照片有厚厚一本影集了。

阳洋每每看到照片中美好的小媚时，都会暗自对自己下定决心说，要更加努力地工作，让小媚以后能过上好的生活。

就在阳洋努力工作的时候，突然接到小媚家里人的电话，告诉他小媚全家要移民加拿大，小媚来不及和他告别就急匆匆地走了，几天后才接到小媚道歉的电话。阳洋这才知道小媚的家境有多么殷实，一直没告诉他是不想伤害他，他对小媚说，你在那边一定要好好的。

很多时候，我们的很多努力看起来像是收效甚微，艰难得像被禁锢在了一条前面被堵死的胡同里，前进不了。市场环境不景气，阳洋的工作也非常受影响，到后期解决温饱都成了问题。有时候，即便如何拼搏却好像在被现实推向相反的方向，阳洋索性辞职，拿出这几年积攒的钱买下了当时和小媚一模一样的相机。一个人沿着曾经两个人的足迹，一边拍照，一边用文字记录。机缘巧合下，一个图片编辑看到了阳洋写的和拍的东西，觉得可以尝试出版印刷，阳洋当时也没太在意，就让编辑拿去了。没想到因为阳洋的照片和文字的独特风格，让书再版印刷了3次，阳洋也因此获得了一笔不小的报酬。其实，正是在这段适应小媚离开的日子里，让阳洋收获了自己的图文书籍，让他解决了温饱，找到了一条新的路。

成功不是一蹴而就的，阳洋走上了摄影写作的道路，在各种环境气候里去采风。烈日下，他晒得黝黑黝黑；暴雨中，他被冻得瑟瑟发抖。但是每当看到最终出来的作品能够获得不错的成绩，让他觉得面对这些辛苦值得，让他在对这个世界快绝望的时候昂起头迎接到了太阳温暖的微笑。

转眼间，三年过去了。一天，阳洋在以前他和小媚经常去的相机配件店添置一些配件时，有人轻轻拍了一下他的肩头，他转身望去愣住了，是小媚。小媚眼里噙着眼泪对他说道："我回来了。"他不敢相信自己眼前的真实，一把抱住小媚说："这是真的吗？"小媚努力地点点头。

原来，小媚在网上看到了阳洋的作品，画面是他们曾经走过的每一个地方，文字里也是让她无法忘记的丝丝情感，终于她再也止不住对阳洋的思念，说服了家人，回到了他们曾经相爱的城市。

无论身处哪一座城市，或许并不是那么重要。终归我们相信着、努力着，就能永远感到热血沸腾，做到让自己更好，即使谁也不知道是"更好"，还是"变坏"，但是走过迷雾，就能看见新的希望。

生活是一次冒险，并不会那么顺风顺水，但是你要相信它的公平，永远不要停滞不前，坦然接受自己的现状，感激这些不顺利，正因为有不顺利的存在，才让自己看到生活本来就应该是这样的，倘若生活给了你太多美好的事物，那也一定有一个艰难的情况在后面等着你。带着一颗安稳又动荡的心努力着，美好就在前方不远处。

解除思维局限，从而获得幸福

不要急着让生活给予你所有的答案。有时候，你要拿出耐心来等待。就像你向空谷喊话，是不是也要等一会儿才会听见绵长的回音？也就是说，生活总会给你答案，但不会马上把一切都告诉你，别把自己固封在思维局限里。

28岁的双双因为个子小，娃娃脸，看起来就像二十出头儿的姑娘一样，她的未婚夫比她小两岁，婚期本来定在今年圣诞节的，但是后来推迟了，我问她是谁的决定，她望着我坚定地说，是他们俩共同的决定，为什么呢？因为似乎觉得彼此还可以更好，需要再等待一点时间，并不是分手的意思。我想可能是还没达到非常默契的地步吧，我对她说，好事总是多磨的。她也点点头。

其实对于这段感情，双双犹豫了很久，因为他比自己小两岁，而他们相遇的时候她已经是26岁了，他才24岁，刚大学毕业没有多久，在当今这个现实的社会里，他是个初出茅庐的年轻人，一无所有。家里一开始几乎没有一个人赞成，但是也知道双双逐渐进入耗不起的年纪了，虽然担心，但是又不好过于阻拦。

对于双双而言，她从来没有担心过他不够爱自己，更不会觉得以后他心里再有其他人。心底有无数个声音告诉她，他温和、安定，虽然岁数有差距，但是却是她值得托付终身的人。

在遇见他之前，双双包括她的家人都做好了她将走过漫漫独身路的准备，他却骤然出现。傻傻的他并没有做出什么惊天动地的事情，只是在那年冰天雪地里送上了温暖，特别是心里的温暖驱散了双双浑身的寒意，并且牵着她一直笑着走到了今年秋天。刚在一起三个月的时候，他就无比坚定地承诺要给双双创造一个家。求婚的理由霸气中还有一些的孩子气："我觉得我以后不会再找到比你更好的姑娘了。"

秋天，收获的季节，眼看他们的感情离修成正果越来越近，但是问题出现了。幸福的承诺不能只是虚幻的，需要的是实实在在的一砖一瓦，每日的柴米油盐酱醋茶，点点滴滴的各种鸡毛蒜皮烦人的小事。

婚姻大事离不开建造自己的幸福小窝，或许是因为他很努力地想让双双有一个好的家，终日都是加班见客户。双双每次和他约好的看设计图，改设计图，看装修材料，明明都答应得好好的，往往就因为工作上的事情，最后变成双双一个人无数次跑设计装修公司，烈日、大雨天也自己跑装修建材市场看材料、选配件。装修的师傅看双双这么亲力亲为地为这房子，说她真是个孝顺的女儿，为了父母的房子这么忙前忙后的。

听到这句话，双双的眼泪止不住了，问他，这个家还要不要了？不知道多少情侣因为房子装修这事最终吵散了。他一把将小个子双双抱入怀中。其实幸福、婚姻都是两人共同携手，相互搀扶得来的，不管是要经过泥泞还是水洼。

有时候我们可能都忘了是怎么爱上彼此的，分开了之后可能也会想不起来到底是什么原因让两个人没能继续走下去。可能就是下雨天，他送来的那一把伞，冬天里，他递上的一个热水袋。

不知道多少个订了婚的姑娘哭着说："我们不是不爱了，就是过不下去了。"一觉醒来，却想不起来到底是为了什么而吵架，可是就是无休止地吵，直到不想再和对方说一句话，完全忘记了曾经两个人在一起的点滴美好。如果你们相爱，那么不论是什么理由，都要相信，那些幸福就是由所有的这些所组成，并不仅仅只是那些美好的瞬间。我们要学着去处理爱情里的各种不同的问题、矛盾，学着如何坚定地相互牵手走到老。

路漫漫其修远兮，在一些特殊的日子里，挖空心思去准备一份礼物；没有及时回复短信，就担心出什么事了，一个电话就拨过去。前方的路还有那么长，我们得不遗余力地学会怎么在长久相爱的道路上走下去。

没有天生合适的两个人，我们用这么多年的时间去等待，去学习，去遇见彼此，可是当遇到了彼此，我们却不知道怎么去对待身边的人。

微笑、拥抱是化解矛盾最美好的方式。虽然在装修这件琐碎麻烦的事上出现了矛盾，但是我们没有因为不开心就想要分开。可是会有谁的感情是一帆风顺的呢？修成正果更是要靠两个人的努力。

若干年后，那些岁月和沧桑就是见证我们承诺的最好印记。经过这些，我们才能真正成熟，才能做好准备，有这样的勇气一直走下去。因为许下了承诺，因为有了彼此，接下来的日子我们才能收获我们想要的东西。

给自己一次说走就走的旅行

无论你身在何处,你都不会被困在原地的,因为你是一个人,不是一棵树。做你爱做的事,并不意味着生活过得轻松,但绝对可以活得更精彩。认准了就勇敢地开始,当你说"我就是要做这件事,多困难我都不在乎"时,老天爷就会开始支持你。当你将焦点放在正面的事物上,生活就会更充满希望。

时下越来越流行间隔年,说得好听一点是给自己一次说走就走的旅行,说得糟糕一点,是给自己一次逃离身边纷杂的机会。

阿涛大学毕业之后,老老实实地做了三年的 IT 男,后来觉得生活太平淡无味,靠着自己三年积攒下来的积蓄开始游历祖国的各地山河美景。每个城市都有自己独特的魅力,只有花些时间才能品味得出。但当他来到厦门的时候,明显感受到了厦门的不一样,一来就被它的美丽所深深吸引。海岛风情和万国建筑,以及美景让人目不暇接、流连忘返。于是阿涛选择了留下,闲来无事就吹吹海风,晒晒太阳,看看书,品品茶。

爱旅行的人会有很多相同特点,比如爱结交天下朋友,喜欢摄影,把自己看到的美好的东西都记录下来,所以他凭着自己的这点小爱好,与朋友合伙开了一个摄影工作室。厦门确实是个好地方,美丽的鼓浪屿总是能吸引众多的情侣,将其作为拍婚纱照或者情侣照的地方,阿涛已经不记得帮多少对新人拍下了美好的瞬间。到了淡季的时候，阿涛又收拾起行囊，踏上新一轮的旅途，到云南、四川走一圈。

到达大理之后，为了能自由自在地看风景，阿涛租上一辆自行车环海行，在拿起相机的一瞬间，一个姑娘的身影从镜头前闪过，并且在不远处也停下了自行车，同样举起了相机，拍下了清晨沐浴在阳光之下的洱海。没想到接下来两人骑车的路线也一样，停下来拍照选景的地点也相似。就这么几个来回下来，两人相互攀谈起来，相聊甚欢，一同搭上伴一起逛着，一路上风景甚好，连绵苍山，碧蓝洱海。从喜洲古镇到五朵金花拍摄地的蝴蝶泉，饿了就随便找一家小店解决两人的午餐。游玩的过程中，才得知姑娘叫素素，也是喜欢到处游玩，一年多以前因为玩到了这里，所以就留在这里，一边在旅社里面打工，一边游玩云南。刚到此地的阿涛对于各种好吃好玩的当然不太熟悉，素素便自告奋勇地说自己来做阿涛的导游吧。恰逢旅游的淡季，素素的店里不是很忙，所以她决定和阿涛一块再走一走云南的一些地方，泸沽湖、《木府风云》拍摄地的丽江古城、玉龙雪山都留下了两人的足迹。

缘分就是这么不经意间地到来，两人相处下来，每天都有聊不完的话题，不管是聊两人去过的地方，旅途中遇到过的各种奇闻怪事，还是聊一些对于人生的看法，两人都能默契地达到一致。并且两人家庭背景也很相似，都在很小的时候就被父母带着到处玩，或许也正是因为从小都喜欢在外面游玩的缘故，长大了之后也就保留下来了旅行的习惯。

两个生长在不同地方，拥有不同生长背景，却能有这样的默契，两人自己也觉得非常惊讶，产生了一种强烈的相见恨晚的感觉。两人一起相约着去了香格里拉，去了号称中国第一个国家公园的普达措国家公园。天气晴朗，碧塔海倒映着蓝天白云，山间绿树黄叶，色彩斑斓。马儿和牦牛悠闲地吃着草，完全就是一个世外桃源，那一份美丽让两人激动不已，带上了点儿干粮，一路上喂着可爱的小松鼠，二人快乐前行。

到了每天旅程结束的时候，两人就把每个人一天拍的照片拿出来交流分享，相机里拍的都是各种一起看遍的风景。很快一周的时间就这么过去了，阿涛向素素发出邀约，请她陪他一块去用双脚丈量大地，素素高兴地说，我们一起去走过最美的地方，去记录最美好的风景，见证最美好的我们吧！从此，少了两人单独的旅途，多了一对美好的结伴而行，阿涛带着素素一路走走停停，遇到喜欢的地方，就多留上几日，除了一路上有美丽的风景相伴，他们在彼此眼中才是那最美丽的风景。

人生就像一场旅途，也许是长途，也许是短途；人生就像一场戏，有喜怒哀乐，有悲欢离合。很多事，过去了就注定成为故事；很多人，离开了就注定成为故人。生命中的故人，积攒的各种故事，这些对于我们来说都是一种美好的历练，而人就是在历练中慢慢成熟的。一些事闯进生活，高兴的、痛苦的，时间终将其消磨变淡。经历多了，心就坚强了、踏实了。要记得美好是永远值得等待的。

换个角度，生活可以更美好

如果你觉得自己的内心像一条小溪，那么你的人生就会犹如小溪一般，溪水静静流淌，两旁有小鸟蝴蝶的嬉闹，平静而温和；如果你觉得自己的内心是一片浩瀚的大海，那么你的人生也许就会像大海一般需要面对惊涛骇浪，自然也会有容纳百川的广阔；当然，如果你的心只有针尖那么小，那么你的人生就会像一根针一样，无法拓宽你的生命的长度与宽度。有多宽广的心胸，你的人生疆域就会有多宽阔。

张杏在现在这家公司一转眼干了快10年的时间了，起起伏伏也经历了不少，如果没有经受住那些挫折，或许他早都离开了公司，完全坐不到现在总经理的位置，可能也不会有现在美好的家庭。自己的人生，看你怎样去看待。

刚满18岁的张杏，自己背着行李，就独自跑到南京去打工，去寻找发展的机会。家里条件不好，还有两个弟弟妹妹需要照顾，所以他刚高中毕业就选择了打工，帮家里分担生活压力。

张杏脑子特别灵活好使，在读书的时候成绩就不错，也好学。因为他只是高中毕业，所以他知道自己得努力先找到一份工作，在帮家里分担压力的同时，还得努力地提升自我。10年前，找工作不像现在这样竞争激烈，也不会过分看重学历。当张杏进入公司的时候，也就是非常普通的基层员工。一年、两年这么过去了，公司在不断地发展，从 50 多个人发展到了接近 200 人。公司扩大了，人员增多了，各方面都需要有人来进行管理。当时，公司都是通过内部选拔的形式挑选管理人才。

通过层层选拔考试，最终张杏成功地成为了一名基层的管理人员，而张杏就代理其中一个小组。由于整个团队氛围都非常不错，果然，在每个季度的考核评定中，张杏所管理的小组都稳拿第一。整个小组业绩很好，所有员工的付出就得到了相应的回报，所以每一个成员都非常支持张杏。

又一年过去了，公司急速发展，一年的时间公司人数增加到了 400 人。鉴于张杏管理得井井有条，在配置主管岗位的时候，自然而然张杏就得到了提拔。张杏都没有想到自己能做到主管，身边很多员工都非常支持他，说他的努力大家是有目共睹的。人越来越多，管理难度越来越大，张杏渐渐也觉得管理起来有些吃力。果然，有员工出现了重大的工作失误，给公司造成了比较大的经济损失。作为主管的张杏也难辞其咎，从主管降为了一名最基层的员工。因为这次事故，公司高层对于张杏也存在各种声音和看法，甚至有一些管理者觉得应该劝退张杏。几度张杏都有些顶不住压力，辞职书都写好了，犹豫了好几次要不要递交给老总。

有一次老总到基层来视察工作，看到当时张杏整个人比之前都憔悴了很多，看到自己一手培养起来的人现在这样萎靡，他特意和张杏谈了一次话。他告诉张杏，人犯了错误，承担自己的责任是应该的，不要让别人的想法影响和动摇了自己坚定的信念。机会是无处不在的，把心胸放开阔一些，不要跌倒了就一蹶不振。

和老总这次的谈话使张杏一扫近日里的阴霾，和之前一样乐观积极地面对每天的工作，哪怕是遇到一些人的嘲讽，他也一笑而过，一心埋头扎进工作里面。又是两年的时间过去了，他在工作中为公司解决了不少技术上的难题，给公司降低了很多成本。机会总是留给准备好了的人。因为接任他之前主管岗位的人被安排到其他地区去发展业务，所以张杏再次被选拔为主管。当宣布人事任命的那一刻，张杏激动得泪水在眼眶里打转。他的付出得到了回报，他经受住了考验。

在这个世界上，没有一帆风顺、完美无缺的人生。你不可能不经历苦难和考验，不可能同时拥有成功和轻松。你不可能一帆风顺地走完人生的路途，要学会如何去面对这些挫折，学会把心态放平和，看开很多事情，然后才可能得到好的结果。你要学会接受人生的残缺和遗憾，然后心平气和地去等待你将会得到的未来，因为，这就是人生！

第七章　坚定梦想，决定了你人生的高度

也许，有些梦想的高度可能是我们穷极一生也不可及的，
但是仍阻止不了我们渴望追求梦想的热度和激情。
我们的人生态度决定了梦想和人生的高度，
不要因为挫折和失败而降低梦想的高度。
鼓起向上攀爬的勇气，坚定地向着自己梦想的方向努力前行，
我相信此时即便你失败或是伤痕累累，但是内心却是充实和满足的。

乘着风追逐自己的梦想

初出茅庐的学生对于自己的未来都报以远大的理想抱负，热情、坚持，做好了吃苦的思想准备，这些都是他们身上的特质。当我们坚定了自己的梦想，并为之付出不懈的努力时，我们还会再为身边烦琐的小事情所困扰吗？我们还会对街头巷尾的传闻津津乐道吗？很多人走向堕落都是因为胸无大志，生活十分无聊，精力被分散到一些无谓的琐事中，最终慢慢模糊了自己的目标。人的一生当中，我们想要获得什么，就要付出努

力做到。

小绿是小P的亲弟弟,因为与小P关系较好的缘故,小绿的成长轨迹也被我们一点一滴看在眼里。对于小绿来说22岁似乎是一个很遥远的年纪,遥远到就像他从没想过有一天会自己一个人在不到6平方米的房间里,过完整个夏天。吃完散伙饭,拿到毕业证,很多同学都选择了回到自己的家乡,因为那里没有生活压力,一开始所有的事情都已经被安排好了,能很安逸地生活下去。小绿同样也是如此,似乎只要愿意,日子就可以这样波澜不惊地过下去。

毕业前的最后一堂专业课,老师并没有给大家分析就业前景,只是问了一句:"同学们,你们还记得当初来读大学时的梦想吗?"话音刚落,大教室里七嘴八舌的讨论就开始了。小绿小时候的梦想是当发明家,似乎很多小朋友小时候都想当发明家,可是当参加了一些小小发明家的比赛,每次把自己得意的小发明寄过去都杳无音信后,这个梦想也就不了了之了。大一点儿又想当飞行员,因为看了杨利伟飞到了外太空,他觉得自己可以超越他,飞向月球或者其他不知名的星球。但是随着课业加重,鼻梁上架起了厚厚的眼镜,后来也就没有把这个梦想告诉过别人。只是现在临近毕业,他是否还能坚持当初进大学时要当一个设计师的梦想,他自己也不能确定。

毕业前,他就知道设计师并不是想象中那种待遇高又不累的工作。这个工作经常需要加班到深夜;客户的想法随时在变,所以会导致设计方案反复修改;每个星期只有一天的公休,而公休的时间是在工作日,没有朋友聚会,所以公休日时其实也是在公司上班;没有节日假,没有年假……

可小绿还是想试一试，试试自己在没有父母的庇护下，能飞多高，试试自己能不能在举目无亲的大城市里闯出一片属于自己的天地。

当小绿经历过实习的阶段，我们问他是不是有些吃力时，他不避讳地点点头。但当我们劝他说如果觉得压力大可以考虑回家发展时，他却坚决地否定了这种想法，他对我们说道，安逸富足的生活谁不向往？现在的他只是有那么一点点不甘心而已。其实我和小P当年也是这样，可能是想证明自己，可能也只是想让自己不留遗憾而已。但是至少我们都知道自己有梦想需要去实现，一个人活一世靠的就是坚持，远大的志向也需要自己咬咬牙一点点地坚持下来。如果碰到了一些困难就轻易放弃了，不就成为了温室里面的花朵？

毕业之后，小绿正式进入了当地最好的一家设计公司。可是到了真正接触工作的时候，才知道原来在学校学习的东西，只是九牛一毛，也可能一毛都没有。当周围的同事在高谈阔论关于设计的话题的时候，小绿连插话的机会都没有，要知道，在学校里他可是高谈阔论的那一个；周围的同事在对一套设计作品评头论足的时候，他可能只能说出一句"颜色还蛮好看的"。他忽然意识到了自己与别人之间巨大的差距，也突然开始怀疑起自己来：真的适合这个行业吗，还是应该回家去走那条原本就属于自己的道路？小绿其实没有意识到，这只是一个开始……

当有一天，上司把他请到办公室，劈头盖脸一顿痛骂，把一堆图纸狠狠摔在地上的时候，他似乎有种天塌下来的感觉。他甚至不知道自己是怎么走出上司办公室的，只知道自己陷入了史无前例的挫败感当中。或许，真的是要回家吧，看看那里的袅袅炊烟，看看那里的青山绿水。

几周下来，小绿每天都生活在高度的精神压力之下，如同惊弓之鸟一般。很多时候，小绿都觉得自己坚持不下去了，想逃离此地，想去呼吸新鲜空气。他真的真的很想回家，回到那个温室里面，回到让他可以肆意欢笑哭闹的地方。可是，他真的要这么灰溜溜地走了吗？到了公司两个月，还有一些人都不认识他；认识他的，在背后谈论起来的时候，也都是摇摇头而已。他告诉自己，必须要坚持，就算坚持不到能闯出自己一片天的时候，也要坚持到即使离开留下的也是一个潇洒的背影的时候。

他对自己说，要从现在开始改变。他坐到电脑前面，把这段时间的一些设计稿翻出来，请教了一位前辈问他哪里是属于粗心大意出错的地方，从前辈这里得知，其实按照设计规范执行，细心一点儿，许多图纸上面的瑕疵是可以避免的。而且前辈告诉他，虽然说公司里的同事平时都非常忙，接待客户，调研市场，可是只要你有不明白的地方或者许多事情拿捏不准的时候，去问问他们，多数人都会耐心地指导你如何做这个东西，才能又好又快，能一次性达到客户的要求。而这些都是设计的技巧，学校里不会教，领导更不会告诉你的。前辈还说，可能大家都是做设计的吧，知道做设计的苦和累，所以，在力所能及的范围之内，能帮忙的，大家都愿意帮忙的。

知道了这些，小绿觉得轻松了许多，所以小绿开始主动融入大家的集体生活：在大家讨论设计作品的时候，小绿也不仅仅只是看看而已，会尝试着说一些自己的见解与看法，有些独特的见解，公司的同事从不吝啬地给予肯定的评价；小绿也不嫌弃一些基础入门的工作了，绘制草图，查看原始数据。这些虽然都是没有太大技术含量的工作，但是这些都是必须让人沉下心来去面对才不会出错的工作。小绿知道，这些工作在公司上班的每一个设计师曾经都做过，而且做过不只是一两天，因为这些都是让你能够腾飞的基础，让你能够在公司站稳脚跟的基石。

同事都感觉到小绿变了，变得开朗，变得活跃。同事的一些琐事，只要小绿有空闲时间，一概都不会拒绝。前段时间还默不作声，现在在食堂里时不时还能幽默一把，逗得大家哈哈大笑。在组长谈客户的时候，小绿主动去旁听学习，看看组长是如何轻松地就能解决难搞定的客户。后来小绿发觉其实并没有那么难，难的只是你如何找到一个方法适应它，如何在碰到一扇门时，迅速找到钥匙打开它。很多人就是因为找不到这把钥匙，从而永远地失去了看到门另外一边美丽景色的机会。

一次聚会，朋友拿他开涮："当时大家劝你回家时，你是不是在心里想着'燕雀安知鸿鹄之志哉'？"小绿笑笑："哪有什么鸿鹄之志，只是有一点不甘心而已。"

是啊，或许真的只有当你有一点不甘心的时候，才能甘心去做一些简单到让你会直接忽略它，但是又重要到能让你焕然一新的事情。乘着风飞翔是我们一直以来的梦想，即使是现在风停了，我们的梦想还一直在。每个人都有理想与追求，追梦的过程会有不一样的经历，有人成功了，自然失败者也不少，那些成功者之所以成功是因为他们不仅胸怀大志，而且重要的是他们能够坚持自己的理想，且并不在乎他人投来怎样的目光。

燕雀安知鸿鹄之志，所以，坚持你的理想并为之努力奋斗吧！

没什么做不好，关键在于你的态度

每个人的能力大小或许与潜能的开发程度相关，但如果是在能力相当的范围里，态度将会起到决定性的作用。更何况在如今的社会中，综合素质里，备受关注的就是个人的态度问题，能力可以培养，技能可以学习，但态度可以说是个人的思想觉悟。

灿灿是出生于80年代末的小姑娘，当年她以实习生的身份进入公司，因为表现优秀，正式毕业后就留在公司继续工作。灿灿因为个子小、年纪小，同事们都亲昵地叫她小妮子。在她入公司实习期满之后，因为态度好，表现也优秀，就被留在公司，签署了正式的用工合同。从刚进入片区处理很简单的事务到现在的片区管理者，整个片区内17个人的一切大小事务都靠她一个人协调安排，一个小姑娘拥有这样管理人的能力，让我不禁暗自惊讶。区域内可是有很多都属于她父辈级的业务员，要一个二十出头的小姑娘去管理，确实有一定的难度。灿灿刚开始一直采取主动出击，把自己的姿态降低，用最好的态度主动地去了解业务员的困难和需要。慢慢地，大家主动来和她聊天了，不管是工作上的，抑或是生活上的。灿灿有记日记的习惯，她的日记里记录下了业务员们最初那几次主动找她提供服务支持的情况，她为此觉得很欣慰。有了畅通无阻的沟通，她和大家的心贴近了，相互之间都感受到了可以依靠的感觉。

三个月的时间，灿灿就把片区的各项业务指标提升到整个辖区的上等水平。

对于这个小姑娘，业务员们也都一直觉得她态度不错，是个很坚持、很努力的姑娘，每天都会叮嘱大家工作中的注意事项，出现自己无法处理的情况一定要打电话给她，她会尽自己最大的努力去协助处理，或者寻求更多的服务支持，直到将一个个问题处理完她才能完全放心。也正是因为她的负责态度和坚持努力让业务员们觉得惊讶和感动。

和灿灿聊天的时候，她告诉我她曾经的梦想是做一名教师，觉得那是崇高光辉的形象。其实现在片区主管同教师也差不多有异曲同工之处，也经常要手把手地去教新员工很多操作流程和作业规范。我问她以后有些什么工作目标，她很明确地告诉我们她想继续去学习大片区的管理模式和管理经验，去考大片区的主管资格，她想为更多的业务员服务。在她眼里，这么久以来和业务员们的相处，已经让她觉得非常开心，和业务员们之间也达到了一定的默契。同样，业务员们也非常支持她，工作上也是百分之百地支持她。简单、乐观的灿灿很懂得知足，不仅做好自己现在的事情，还继续努力学习，是个非常讨人喜欢的"80后"小姑娘。

灿灿从来不觉得为业务员们服务是很累的事情，很多事情提前就为大家考虑好、准备好，大家都觉得非常贴心。

态度决定一切，没有什么事情做不好，关键就看你的态度，当事情还没有开始做的时候，你或许不知道这件事情的成功与否，如果你在做这件事情的时候，态度出现了偏差，那么事情自然就不会得到好的结果。一切都取决于你的态度，你对事情付出了多少努力，采取了什么样的态度，那你就会得到什么样的结果。

每一次收获就是每一分的努力

我们经常在做了99%的努力以后，离成功就只差那么一点点时，放弃了可以到达成功彼岸的那1%。失败和成功之间往往只有一线之隔。也许我们很难知道离成功究竟还有多远，但是我们十分清楚自己到底还能撑多久。我们不一定能等到成功到来的那一刻，但可以肯定的是，我们可以坚持到胜利的最后一刻。

难得放假在家里好好休息，想找几本书看看，无意中找到了小时候读幼儿园时搞活动的纪念光碟。打开来看，看到当时一起念幼儿园的小伙伴们每个人都要说一个自己的理想。看到自己当时傻乎乎又幼稚地对着镜头说"我以后的理想是做一名科学家"的时候，自己不禁"扑哧"笑出了声，被自己和小朋友们稚嫩的样子逗乐了。还是小孩子的时候，我们都会受到家长和老师的影响，比如说做科学家、做医生、做律师、做老师，仿佛这个世界上只有这几种职业一样。

这让我想起一个朋友阿良。还记得曾经看他写过一篇文章，里面说道："一片雪花的重量也许不足为道，但是一片又一片的雪花累积在一起，就能压折枝头，每一片雪花就是我们的每一分努力。"阿良让我印象很深，他从小立志学医，考取了二类本科医学院。一个二类本科医学院的毕业生是无法在大医院里立足的，于是他考上了研究生继续深造。

医学专业本科本就是五年的学习时限，考研竞争又激烈，当我都工作好几年了，他还继续一年又一年坚持着考研究生。当从其他朋友处得知他这一情况时，不禁让我惊讶，他从小的理想，他一直坚持着。朋友聚会遇见他，问他为何还这么坚持，他只是淡淡一笑说："好像就认定了这个理想，这么多年了也从来没有想过要放弃的念头。"我和朋友们听完都是默默点头，第三年终于听到了他考研成功的消息，大家得知这个消息都挺为他感到高兴。

美好的生活、理想的人生，谁都想得到，心怀美好的理想并且在追求的路途上需要对自己的未来做一个清晰的规划才能让我们不那么能轻易说放弃。

读书、毕业、就业，大多数人的人生轨迹都是如此。进入职场工作可以算是开始走上实现自己理想的道路。那么关于理想和工作，首先我们要搞清楚工作的意义是什么，是不是能实现自己的理想。当踏入职场的时候，我们每个人都要认真地问一下自己为什么要工作。可能有人是为了糊口，还有人仅仅只是为了消磨光阴，而我却一直认为是为了实现心中的理想。因为这样，可以让我在精神上更充实，不单单是为了物质上更丰盈，理想可以让生活变得更加美好。我们所做的一切，只有牢牢围绕自己的理想，才不会惧怕路途上所遇见的各种艰难险阻，你才会有更多的勇气和力量去面对它。理想看起来挺脆弱的，会与现实的残酷进行激烈的碰撞，但是不用害怕也不用退缩，理想其实也是火种，它就在你自己的手中，你自己不去摁灭它，它就不会熄灭，它就会成为星星之火。不放弃，努力地为它做所有你可以做的，不管你做的是多大的一件事，关键是你要去做，并且不放弃。

　　拥有理想是一件很幸福的事情，怀揣着理想让我们的人生变得多彩，不再那么平淡。现在，你在实现理想的路上前行着，遇到困惑，你可以稍作停留，回头想想几年前的自己，想想自己曾经的那份坚定，给自己力量，再设想下几年以后的自己，实现了理想的自己或者是离理想越来越近的自己。如此，我们能最清醒、最客观地看待自己，我们能看到自己许多种可能的人生道路，然后找到最适合自己的理想之路，并知道如何继续走下去。

相信自己是一个不可替代的人

你只会做别人都会做的事情，你只能想到别人早就想到的主意，那么，你觉得自己的重要性能有多少呢？这些都是你有可能随时被取代的原因。只要别人想到的比你有所创新，考虑的比你考虑的更加全面细致，那你所拥有的东西随时都有可能被别人抢走，这些身份和荣耀就会离你而去，少了自己的核心竞争力，那么你要小心了，你随时可能会被他人取代。

我手下一名主管因为长期和丈夫分居两地，出现了家庭危机。她思前想后，决定以家庭为重，向我提出辞职，回到丈夫身边，照顾家庭，生儿育女。对于她的辞职，我感到可惜，但不做强留，尊重别人的选择才能获得别人的尊重。因为失去了一名得力的助手，所以在即将到来的黄金业务期，我需要尽快物色一名合适的人选。

筹备面试非常迅速，在初步将简历筛选过一遍之后，通知了条件不错的人。两天的时间面试了 8 名有意向的求职者，大多数来面试的人就像在背简历一样，强调自己的学历多么高，自己的工作设想怎样。在我几乎要失望的时候，耐着性子进行了最后一个求职者的面试。这个男生外貌普通，坐下后并不急着去表现自己，只是简单地问了声好，话音干脆利落。细微之处的不一样引起了我的兴趣。我让他简单介绍下自己，他说自己只是一个普通的本科毕业生，在上一家公司有三年的基层岗位工作经验，每次岗位调动都是因为解决了一些所在岗位的问题，所以不知不觉中，自发地形成了一种轮岗体验。三年的时间让他积累了丰富、细致的观察力以及发现问题的敏感度。离职的原因是他之前计划进入我所在的公司，阴差阳错地去了上一家公司，即便是这样，他也扎实地做了三年才选择离开，还是想追求自己曾经想追求的。我想正是因为他的扎实与执着打动了我，我觉得在工作中，最重要的不是你的能力有多强，你有多优秀，而是你的一些特质让你不可替代。当你拥有了周遭人不可替代的能力和水平时，才能体现出自己的地位与价值，才能在这个环境甚至是更好的环境中生存下去。

如果你想成为一个不可替代的人，那么不是千篇一律地做一个比较好的别人，要做的是成为自己，即便这个自己并不是那么地完美。

在这两天的面试里，听到应聘者大肆介绍自己曾经的身份和头衔的时候，我都会找到一个合适的机会打断他们的长篇大论，或许这样做有些不尊重求职者，但是在我看来，这些并不是我所需要的，适时的中断在我看来更是对于我们相互之间的一种尊重。也许你的经历或者成就有闪光之处，但我不得不说，这些只是代表你的过去，而那份来自你通过追求和努力所获得的属于你自己的独特体验和经历，通过学习感悟，提炼总结出来的只属于你的思想意识，以及在磨炼过程中收获的成长感悟才是你身上最难能可贵的品质。

这个世界上，优秀的人比比皆是，但是我们每个人都是唯一的。我就是要做我自己，和别人不一样的自己。你的思想意识，你的品格风尚，这些是属于你自己的，别人抢不走，学不去。核心竞争力是什么？就是你独特的能力价值。

我们来到这个世上走一遭，其实挺不容易的，为什么不去走自己的路，干自己想干的，做一个谁也无法代替的我？不去复制看上去不错的别人，释放自己的内心，深入地了解自己，找到自己的特质，去糟粕取精华。我从来不会去羡慕别人，因为我相信我自己也有别人所羡慕并且得不到的东西。别忘了，一定要相信自己是不可替代的。

良好的态度是万事的开端

态度决定了一个人的认知，良好的态度能够使人抵达他（她）所想要抵达的任何地方。不管做什么事情，只要把自己的态度放端正了，那么万事就有了一个好的开端。

一直以来，田振就是大人们口中的那个"别人家的孩子"，学习优秀，听话乖巧，从小学到大学念的全部都是重点学校，大学毕业之后还申请到了美国一所知名大学去进修。在国外待了几年之后，田振还是想回国发展，即便是在国外如何如鱼得水，他始终觉得长这么大了，应该以孝顺父母为先。

回国之后，他选择了一家正在发展中的企业工作。当时面试的时候，是区域总裁亲自对他进行面试，区域总裁非常惊讶他这样的人才会对一家发展中的企业感兴趣。他觉得正是因为那次区域总裁在面试他的过程中，所传递给他的做人的态度，和企业发展的想法打动了他。并且两人在交流的时候，都觉得彼此提出的一些想法和建议都非常有见地。当然，在愉快地交流之后，总裁还不忘告诉田振，虽然他有着非常丰富的学识和深厚的能力，但是进入了公司，都需要从最基层的岗位做起，要他做好吃苦的准备。田振没有一丝犹豫地说道，没问题。

正式入职之后，因为田振曾经一直是同学和朋友关注的焦点，所以他刚回国，就有不少同学、朋友问他回来打算怎么发展，有找他一块合伙做生意的，有请他做企业顾问的，但是刚入职起步的他都不太好意思说自己在做什么，他的不少学弟学妹都做着比他体面的工作。但是他明白，这只是他在国内的开始而已。

起早贪黑地工作，几个基层岗位的轮换体验，让他感受到了与国外完全不同的人生经历，很多时候自己都是咬着牙挺过去。在走上了管理岗位的时候，他逐步意识到国内与国外的管理态度和方式存在相当大的差异。在国外，很多都是依法治理，照章办事，但是在国内要以动之以情、晓之以理的方式来处理。

田振经常习惯性地以国外的管理方式来思考，但是又经常提醒自己要转变这样的管理思维，所以他花了很长的时间调整自己去适应眼下的局面。因为他知道，如果自己不去改变、不去适应，那么将面临失败。虽然他曾经怀疑过自己的转变是不是正确的，但是总裁在不断和他沟通的时候，给予了他坚定的支持。

其实就像很多东西到了一个陌生的地方都会被同化一样，新的事物进入到非土生土长的地方，总要进行改良，否则就无法生存。田振通过了一年的学习，被委派到一个当时在整个地区各方面情况都处于倒数的部门任区域经理。他刚去的时候，很多人都不看好他，觉得他一直是西方的处世风格，在国内很难伸开手脚。可是谁知道，田振早已经改变了自己的做法。到了区域之后，除了挨个和每个业务员深入沟通之外，还分批组织员工进行沟通交流活动。此外，他还认真听取家属对于员工们的想法，并向家属解释业务员们的工作性质和压力，以求获得家属的支持。他这么做的效果非常好，特别是消除了业务员与管理层之间的隔阂，让大家感觉到他和自己是并肩作战的，体恤他们，并能替他们说话。

能得到家属的支持，业务员们在精神上得到了很大的鼓励。公司处于发展期间，业务就是根本，整个区域的业务完成情况一直不理想。他将每个业务员的客户资源进行了深入了解与分析。他的这种工作方式和态度，让业务员们愿意团结在他的周围，在遇到棘手的问题时，他会亲自和业务员一起到客户处上门拜访，站在客户、业务员、公司等各个不同的角度来思考出现的问题，并且从中寻求最好的解决方案，以求得多方共赢的局面。他的努力使区域的业绩逐步有所好转。第三个月，业绩在整个地区的排名开始上升。

田振说，正是自己在国外这些年和回国后的这段日子，各种经历和想法的碰撞让他能从态度、改变、创新等多个角度来思考。他觉得不管员工胆子有多大，想法有多少，只要态度是正确的，那么他就敢大胆地放手让业务员去做，并且给予最大的支持。因为他知道，有了端正的态度，事情就会朝好的方向发展。

每个人所能把握的无外乎是自己的态度，其实态度也是自身素质的反映。不管能力有多强，态度决定着我们能把自己的能力发挥到什么程度，又或许还能决定我们事业的兴衰成败。凡事都强调态度端正，这是我们做人做事的关键。

坚定地飞向梦想的远方

起点影响终点，我们虽不能决定未来要达到的最终目标，但我们能决定向着目标努力的起点——以怎样的信念和态度指引我们前行。

人生的旅途中不可能只有鲜花和欢笑，肯定会有荆棘、有悬崖、有陷阱、有挫折。面对困难、挫折，面对失败、逆境，不同的人会采取不同的态度，不同的态度就会拥有不一样的人生。为了追寻自己的理想，我们要飞翔，去接受风雨的洗礼；为了实现人生的夙愿，我们要飞翔，去迎接春风和朝阳。虽然我们并不坚强的翅膀也许会在追梦的旅途中一次一次地受伤，但我们仍然要坚定地飞向远方。

人生舞台上辉煌的不仅是闪烁的璀璨霓虹灯下飘逸的舞者，还有台前幕后辛苦付出的工作人员。同理，行政部门就是整个企业中重要的后勤保障部门，需要为大家做好物资储备工作。

唐哥是今年刚上任的行政主管，因为也在基层干过很多年，所以对基层的各种情况都了如指掌。公司不断发展，各种各样的需求也越来越复杂，之前已经换了好几个行政主管了，都是因为服务不到位或者不及时，或是主动辞职了，或是被辞退了。唐哥在上任之前也作了很久的思想斗争，他也知道面临的困难比较大，而且将要带领的团队里的人员不是很得力，但是唐哥极其乐观和随和，走到哪里都是笑声一片，大家都乐于和唐哥打交道。或许正是因为唐哥的态度和性格，管理层才会考虑把他调过来接这个行政主管的重任。

生产企业，最重要的就是各项物资能够及时准确发放到位。随着公司不断发展，生产技术也在不断提高，需求的各类物资亦趋多样化，更加挑战了行政部后备供给的及时保障能力。唐哥虽然在公司打拼了多年，很多业务流程都有所耳闻，但是毕竟自己没有实际操作过，所以刚开始还是处于熟悉和学习的阶段。两个月的时间过去了，唐哥熟悉了所有的业务流程之后，开始进行调整。首先调整的就是行政部所有员工的服务态度。唐哥认为每个做行政的员工必须具备服务意识，努力确保对业务部门的服务质量和后期保障工作。在业务高峰期来临的时候，更要第一时间把所有物资材料都准备充足，确保生产的正常进行。因为生产都是在白天进行，所以只有在晚上运送物资是最节约时间的，每天生产出来的成品马上会运输出去进行交易，所以车辆也相当紧张。凌晨3点半左右这个时段的运输车辆较为充裕，那么在这个时段，行政部门只有根据实际情况调整工作时间，才能把各类物资运送到位。因此，行政部人员需要牺牲点休息时间。"能及时保障公司生产，减少部分成本支出这是行政部门的职责所在，也是每一位行政人员应该做的。"唐哥说出这话的时候很自然，他打心底里就是这么认为的。敦厚的唐哥看上去像一个"大老粗"，但是工作态度却认真谨慎、细致入微。

　　越到年底，效益越好，生产业务的浪潮一波接一波。生产出来的成品又必须在第一时间转运出去，避免因为存储而导致过高的成本，所以出现了运力相当紧张的局面。为减少囤货成本，车队开始连夜运输成品。唐哥也时刻关注着车队的载量情况，每天晚上一车一车地查看临时调配的车辆是否有多余的空间可以放置原材料，确保物料能够及时发放。唐哥曾多次带领行政部的员工们工作到凌晨，他一个人还加班到凌晨3点半才大汗淋漓地回家，第二天还第一个到办公室，把日常的工作处理完毕。行政部在唐哥带领下，及时发放物料，节约了租车成本，确保了公司在高峰期各种物料的需要，有效地保证了生产的顺利进行。

　　公司上上下下这么多人，每个人都在演绎着自己舞台上的那个角色。一个人、一辈子、一故事，这些故事也许简单、也许平淡、也许感人、也许很励志，但相同的是，它们都拥有一个起点，而态度就是我们前行道路上的起点，指引我们直到胜利的终点。

　　树立了正确的态度，才能更好地完善自我，激励我们不断保持着进步的状态，态度不端正，就会出现一些歪风邪气，在我们追求成功道路上成为阻碍，消磨掉我们前进的动力。

满怀信心，让别人看到光彩夺目的你

　　为了梦想而努力拼搏，当你停下来回忆往事的时候，你会发现你吃过的苦、遭受过的磨难都会成为人生中一笔重要的财富。每个人的未来都掌握在我们自己手中。怎么做，靠你自己决定，想做到多成功，看你愿意付出多少行动。每个人都有自己的道路，需要勇敢地走下去，未来属于自己，请一定要好好把握。

　　海兰，是一个在县城里长大的姑娘。三年前进入了现在所在的公司。刚入职的时候，她只是一个最普通的前台文员，当时她只是想着能找一份离家近一点的工作就行了，没考虑过发展前景或者未来。后来公司业务逐步发展，公司搬到了另一个城市，当时她还没有考虑好到底是辞职还是做其他打算，就跟着公司一起搬到了新地方。没想到，才过了一年多的时间，公司业务发展不错，在她老家县城开设了办事处。当公司内部选拔负责人的时候，她第一个积极响应，凭着对公司内部流程熟悉的优势，再加上在公司待了两年多，回到土生土长的老家，使她又具备了更加得天独厚的有利条件。刚开始的筹备工作是非常辛苦的，她一个女生带着两个新入职的男生一起准备着各项筹备工作，她一个人几乎包揽了前期筹备工作的大半部分。选择办公场所的时候，遇到了各种困难，她一个人在县城里到处寻觅合适的办公场地，不停地问价和议价。那时候还是冬天，她还在公司所在的另外一个城市上班，时值冬季，天寒地冻，海兰利用那个月里 4 天的休息时间回到老家县城，走街串巷地寻觅办公场地。终于在一个大雪的清晨，县城的办公场地被敲定。

刚开始联系客户做业务的时候，很多客户都很惊讶，公司的业务竟然已经发展到了小县城里。看到客户惊讶的表情，海兰特别开心，这说明市场是有的，并且还有比较巨大的市场潜力。

因为市场还处于初步的开发阶段，每天公司将产品送到县城的车站，海兰都要带着小货车师傅一起到车站去取，因为她自己不会开车，所以每次都要租用别人的车辆。按照车站的规定，外来车辆不得进入车站，所以每次海兰都要将货物一件一件地从车上搬下来，再重新搬到自己租用的小货车上。回到办公室，还要按照客户的需求分类装好，然后分配给两个业务员，并提前和客户联系，在客户方便的时候，把产品送上门，最后和客户商量数量和定价。因为每天去取产品的时间都正好是中午，海兰的妈妈每天都是在正常午饭时间之前给海兰送来午餐，她总是匆匆吃上几口就跑出门去。这就是在家附近工作的好处，哪怕再忙，都有家里人的照顾。以前在外面，只能吃盒饭和外卖，完全感受不到家的温暖。让她感触非常深的是，进公司才将近三年的时间，公司业务就已经发展到她的老家了，她也靠着自己的努力，回到老家工作，还能做个负责人。之前总在外面漂着，家里人一直担心着她的人生大事，回来工作之后，她不仅组建了自己的小家，工作也稳步发展。

每走一步，海兰都认认真真、踏踏实实地干着。她在这里努力地发展着每一个客户，积攒下来的每一个客户资源都能让她如数家珍。她甚至清清楚楚地记得和每一个客户之间发生的故事。她也算得上是一个拓荒者，一年的时间，从 3 个人发展成了一个 10 人的小团队。业务量在不断地上涨，客户也积累得越来越多，她努力地全面打开了当地的市场局面。虽然有时候她也觉得累，但是看着靠自己和团队的一点点努力从无到有、从有到扩大，靠着他们的双手所打拼下来的这些成就，想想这些付出与收获，她又觉得浑身充满了干劲儿。海兰总是团队里面给人带来无穷力量的那个精神支柱。

每当你满怀信心之时，别人所看见的就是光彩夺目的你；每当你表现得沮丧失落之时，别人看见的就是灰头土脸的你，自然就不会信赖你和依靠你；每当你昂扬向上之时，别人看见的就是值得信赖的你；但当你忧伤孤独之时，别人看见的是可怜兮兮、毫无魅力的你。所以，我们一直要满怀希望，让所有人看到的是我们永远明亮灿烂的笑容！

在追求梦想的路上努力前行

也许明天，你依旧到不了梦想中的那个终点，但是，你要坚持走在追求梦想的路上。你今天走的这一步，将是到达梦想终点的积累。付出总有回报，当你回望曾经走过的路的时候，你才会知道，成功是多么地不容易，而你现在所拥有的一切，都是自己奋斗得来的，所以每一点一滴的付出将会收获到你想要的结果。

黄瀚如今是一家大型生产企业的生产现场管控经理，其实他大学时代学的是电子工程，曾经的梦想是成为知名互联网外企的研发中心总监，但毕业后去了上海一家外资生产企业。在这家企业，他从IT技术员转变为现场管理专员，刚开始岗位的转变也让黄瀚不太适应，但好在他头脑比较灵活，并且因为学的是电子工程，所以他逻辑思维能力也比较强，学起东西来也很快，所以当时的公司经理看重的就是他具备的这些素质，就把他从IT技术员转为现场管理人才进行培养。

公司经理年纪比较大，人也非常随和，并且愿意带教新人。此外，经理与黄瀚比较投缘，所以经理对于像一张白纸一般的黄瀚真可谓是手把手地教。黄瀚有太多不懂的地方，只能用心地适应这样的转变和学习节奏，他感觉就像重新回到了学校一样，有太多的东西需要去学习。每天的工作例会上，经理会对前一日的工作进行总结，并且对于新的一天的工作进行部署，重点指出需要注意的地方。其实每天的工作内容差别都不是很大，但是经理却总能发现每个细微的疏忽之处，并且提出来让大家留意。对于现场的管理，人员的管理经理对黄瀚也是倾囊相授。当黄瀚在工作上犯下错误的时候，经理不急不躁，通过各种方法和途径来进行弥补或者改善。无论是什么错误，甚至在黄瀚自己看来已经是无法弥补的错误的时候，经理却总能用各种办法妥善地处理，所以黄瀚一直都非常尊敬和崇拜这位比自己年长的经理。后来经理因为年纪越来越大，加上家在国外，家中还有两个孩子，于是他申请了回国。经理走后，黄瀚为了谋求更好的发展，他开始寻找新的适合他的岗位。

因为有了生产主管的经验，加上自己也是电子工程专业毕业，所以相对而言工作不是特别难找，投出去的简历很快便有了回音，是一家刚起步没多久的小型生产公司，因为刚成立不过三年，所以很多方面都在建设当中。黄瀚去面试的时候，与公司老总相谈甚欢。因为黄瀚之前有相关的经验，并且思维清晰，有自己的想法和创意，所以两人一拍即合，黄瀚第二天就到新公司上班了。

毕竟是刚起步的公司，整个公司的员工不多，才20多个人。和所有的同事认识了一遍之后，黄瀚开始进入工作状态。老总想要马上开始建立自己的车间，所以黄瀚把自己的经验运用到公司新厂房的建设中。起初他想照着之前公司的建筑样式去设计，但是后来觉得不同的企业对于厂房车间的具体要求不一样，例如厂内设备的布局，流水线的设计安排，都需要花费很大的精力去设计，对于黄瀚来说难度可是不小。尽管这样，黄瀚还是非常努力地干着，一边查阅各种资料，一边还和之前的经理联系，征询前经理的各种意见。前经理给了黄瀚很多很好的意见和建议，加上黄瀚自己还一边恶补 CAD（Computer Aider Design，计算机辅助技术）制图，没花多长时间，就做出了最符合公司需要的工程布局设计图。

黄瀚不停地忙碌着，每天都会看到新车间的新进展，从厂房的租赁修建，到设备的引进安装、流水线的摆放安装，一点一滴都是在黄瀚的努力下一步步完成。他集思广益，不断地征询前辈的经验，结合时下新的操作管理模式，最终黄瀚提前完成工程建设并且投入使用。在新厂房剪彩的当天，老总对黄瀚的表现表示非常满意，赞不绝口，拍着黄瀚的肩一直夸赞他，同事们也送上热烈的掌声祝贺。这样的结果只有黄瀚自己知道自己为之付出了多少努力，多少个通宵他研究着各种绘图方法，休息日也一头扎在了各种书籍中查阅经验知识。能获得这样的结果和现在的成绩，对于他来说无疑是一种莫大的肯定，那种成就感无法言喻，并让他觉得之前花费的所有辛苦和努力都是值得的。

现在的他也能在偶尔悠闲的时候，站在窗边，端着浓香的咖啡，看着楼下新建起来的众多厂房，回忆自己一路来走过的艰辛和付出的努力。在公司里，他也非常鼓励新人进行跨界的创新学习，他一直觉得自己是这样做才得到了大幅度的提高，而像公司这样的新企业也更加需要这种跨越式的碰撞和创新。

别让生活或者工作中的压力让你停滞了前进的脚步，挤走了你的快乐。不管昨天发生了什么，不管昨天的自己面临多少困难和麻烦，只要去努力，不断去思考和领悟，一切都会过去。就让你的努力把所有的苦、累和痛，远远带走吧。每一天都要收拾好心情，做好充足的准备继续前行。适应改变并且使其成为习惯，坦然面对工作生活中的各种喜怒哀乐，用心去领悟，生活会给予你想得到的一切。

第八章　改变自己，让你从失败走向成功

很多时候，我们都害怕改变，害怕失败，
因为改变就意味着承担未知的风险，或许还要放弃以往的努力和成就。
诚然，没有人能够保证改变一定会成功，但是连改变的勇气都没有，
我们又怎么能获得成功呢？

失败其实是你前进的机会

失败这个词并不能说是个不好的词，只是看你怎样来看待。

失败了，不过需要从头再来而已，虽然说谁都不喜欢失败。但是失败了，我们就必须要正视自己的失败，并且要通过失败来更多地了解和认识事物，这也是一次成长的机会。在心态上，我们需要保持一种积极面对的态度。失败并不可怕，重要的是你怎样去面对它并且改变它，如果你什么都不做，那你就无法从失败中获得成功。

失败乃成功之母。不管是谁，应该都听过这句话。李勤和王辉是公司里和我关系比较好的两个同事，两人之间的关系也很不错。我们认识大概

有三年了，那时候我们三个都还是公司最底层的员工，工作之余经常相约着一块聚聚，吃饭的时候还经常聊起公司的一些事情。

人总是需要不断提升和发展的，公司里发展的机会非常多，认识他们俩一年多的时候，他们俩都报名参加公司组织的销售主管的考试，当时可能因为进公司时间短，公司很多流程制度都不熟悉，笔试虽然勉强通过，但是到了面试环节，两人都统统失败了。第一次失败，两人都觉得没关系，也觉得自己资历尚浅，第一次报名考试确实让他们认识到了很多需要熟悉了解公司的地方，两人都约好继续参加半年后的储备考试。

半年后，两人的笔试成绩比上次进步不少，顺利通过了第一轮笔试。因为在第一次失败之后的半年里，两个人都非常努力地进行了各项技能的培训学习，总结了很多经验，所以在这次的面试当中表现也比较出色，最终两人都通过了储备考试，接下来就是半年的时间里让两个人独立带领团队的考验了。

因为两人从来都没有过管理的经验，两人都被安排各自带领一个销售小组。面对新的人员，两个人在自己的角色上面都还在适应。这段时间属于一年之中的业务淡季，公司也是考虑到这一点，两个不成熟的管理者在这个时间段里带领团队，就算没有成功地发展业务，但至少也不会出现大的问题。

两人都想做出成绩来，但又因为正处于业务淡季，想马上出现喜人的成绩不是一件容易的事情，同时，还要熟悉自己组员的各种特质，分析小组内现有客户资源的潜力，与客户的合作方式，等等。

业务指标的压力让两个人有点喘不过气。半年的时间很快过去了。在最终培养储备汇报的时候，两个人因为经验不足，没有通过最终的评定，需要延长半年的储备培养时间。这个结果对于两个人来说算是喜忧参半，虽然储备失败了，但是好在还有半年的时间可以进行学习。

王辉对于这次储备的失败虽然觉得是意料之中，但是他开始为自己在接下来的半年时间里的各种工作进行具体的规划，而李勤面对这次失败却是忧心忡忡，觉得接下来的半年，不知道自己要怎样，对自己没有信心，也没有任何计划打算。

又是半年过去了，最终王辉积极地面对了半年前的失败，在这半年中重新梳理工作思路和改善方案，积极努力地大胆尝试创新，并获得了明显的成功。而李勤的无动于衷使他辞职离开了公司。

其实，失败是无法避免的。即使失败了，我们应该看到的是希望和未来，需要建立一种自我反省的意识。有时失败中蕴含着我们有着不可限量的前进的机会，要去看到失败所带来的积极面。

面对在生活中、工作中所遇到的各种失败或者挫折，我们的态度都决定着我们下一步该怎么走，也决定着接下来我们将要看到的风景。遭遇大的失败时，用正确的方法改进，那么很有可能等待我们的是获得很大的成功。获得一个重新审视自己的机会，了解自身缺陷，何乐而不为呢？

失败绝不是无用的东西，可以说是一件值得高兴的事。因为失败就意味着机会，是一个新的开始。但是很多人都害怕去面对失败，一旦失败，就想放弃、停止，抑或在否定声中停滞不前。好不容易小心翼翼地迈出了尝试的第一步，却又在没收到正面反馈时就急不可耐地终止。你是否知道，灵活利用每次的失败才会使我们的日常生活、工作和人生取得新的突破。

大道理不必多说，世人皆明。但是很多人通常认为失败于自己的人生没有大益处，但我却觉得，没有面对过失败的人是得不到更大的进步的。每一次失败都意味着将要面对一次挑战；不失败，就失去了进步前进的机会。

有人这样说过，一次成功的背后，隐藏着数百次失败。我想这才是"失败乃成功之母"这句话的真正含义吧。"世上无难事，只怕有心人"，这话一点儿都没错。正确看待失败，才能明白自己接下来需要做什么、怎么做。冷静客观地看待自己的每次失败，保持积极正面的心态比什么都重要。失败其实是一种美，正确地面对失败，那么在生活、工作和人生中的收获将比成功带给你的收获更多。把失败作为一种激励你奋发向上的精神食粮吧！

改变，收获别样的幸福与快乐

随着年龄的增长，人的心理也在不断成长。很多人认为自己不够富有，名片上的职位头衔不够光鲜，生活过得不像自己想象的那般轻松，但是我想这些都是因为在成长过程中我们所经历的事情让我们不断做出的改变。

唐唐从毕业后就一直在深圳打拼，七年的时间也让她攒够了在深圳买套小房子的首付，但是家人却一直劝她回家来，其实家里什么都不缺，也没有像在深圳一般的生活压力，或许就是因为家庭没有给过唐唐任何的生存压力，所以她才会想着用自己的双手来创造一个属于自己的未来。但是离乡背井在外打拼的日子总是会有些不对味。唐唐是个很孝顺的孩子，一度让她犹豫要不要回家乡的原因就是父亲的身体状况。再者，出来奋斗了这么些年，自己也想要一个稳定的家。让她改变在深圳扎根的想法的原因是父亲因为脑溢血要做手术而住进医院。当听到父亲住进医院的消息时，唐唐立马买了回家的车票，到医院照顾父亲，直到父亲出院后才回到公司。回到公司后，唐唐思量再三，还是提出了辞职，决定回到父母身边。因为唐唐知道有些东西失去了将会是一生的遗憾。如果她现在不改变之前的想法，那或许就会留下遗憾。

回到家之后，唐唐经常在周末和母亲一起做家务，每天穿上满满都是阳光味道的衣服时，那种满足的幸福感常常让她庆幸自己作出改变的决定是正确的。纵使放弃了自己花了七年的时间所取得的成绩，但是成长可不就是扯皮连肉般疼痛的改变！如果一切都按照自己的想法，不考虑到周围的因素去做的话，或许会留下遗憾。上个月，唐唐刚与相恋十年的恋人举行了婚礼，也一直是因为两人相隔两地，总是会因为各种各样的原因闹矛盾，其实最主要的原因就是双方不在彼此身边。婚礼当天，现场播放了唐唐之前在外打拼时所结交的全国各地的朋友发来的视频祝福，大家都纷纷祝福两人结束长达十年的异地恋修成正果，又再一次让唐唐觉得自己的改变没错。每天吃完晚饭，唐唐还可以和家人一块儿散步，看万家灯火，听听老人们聊聊家长里短，唐唐觉得日子还是很美好的。

　　唐唐和丈夫都热爱旅行，即使之前两人相隔两地，也会计划筹备假期一同出游。

　　也是因为父亲这次病发住院，让两个人有了很大的触动。两个人也因此改变了之前的想法和计划。为了以后还能得到的东西，放弃那些失去了就得不到的东西是不值得的。这次父亲住院，他们在医院照顾父亲的时候遇到一位生病的老人，老人的孩子因为一些原因，一直在外地，无法回来照顾他，后来老人孤零零地过世了。这位老人家的故事给小两口的触动特别大。有些东西，你放弃了，以后还会有的，但有些东西失去了就再也没机会得到了。面临改变的时候，一定要想想你打算放弃的东西以后还会不会再有，比如父母、健康、爱。

　　现在唐唐和丈夫就算是要出去旅行，也不会选择离家太远的地方，并且会带上父母，一来可以尽孝心带着父母一起旅行，二来可以一路上照顾好父母。所做的这一些都是为了不给自己留下遗憾。

面对改变的时候不要害怕，把需要改变的事物进行全方位地分析，抓住主要的重点，找到平衡点，让一切赋予爱的名义，为了自己所爱的人、所爱的生活做出正确的改变。相信自己，你可以收获满满的幸福、满满的爱。

不要让抱怨左右你的情绪

不要因为小小的过失而感到愤愤不平，便不停抱怨。人生在世，注定会犯下很多错误，受到许多委屈。要使自己的生命收获得更多，就不能太在乎这些错误和你受到的委屈，不能让它们左右你的情绪，干扰你的生活。其实，你遇到的这些小问题或许都能让你从中收获一些成长，明白一些道理，不一定都像你认为的那样糟糕。学会一笑置之，超然待之，学会思考，让自己在感悟中不断地成长与壮大。

"今天真是倒霉死了。"小林刚放下包，一边还在解开脖子上的围巾就一边开始抱怨起来。

"怎么啦？"好像已经开始习惯了小林的抱怨，所以还盯着电脑屏幕干活的我随口问了一句。

"你不知道呢，今天上班路上那个公交车司机，就好像是故意要和我作对一样。明明只要等 5 秒钟,我就可以赶上车了,可那司机就是没等我。弄得我现在还迟到了,这还不算,刚刚在楼下过马路的时候,还被过去的车子溅了一鞋子的水,今天一大早就这样,还真的是让人不安的一天啊。"

听着小林喋喋不休地抱怨了这么久,我没有说话。细细想来,在我的记忆里,小林好像一直是一个很喜欢抱怨的人,很多时候明明知道就算是抱怨也没有任何的实际意义,可他还是会自言自语很久,不论是工作上还是生活上的一些大小事情,他一概如此。

又听了一会儿,我对他说道:"小林,你每天早上几点起床?"

"7 点 40 呀,怎么了?"他疑惑地望着我回答。

"那你每天乘车到公司需要多长时间呢?"

"如果不堵车的话,正常情况下,20 分钟左右就可以到了。"

"好,那我和你算算,就算每天你需要半个小时的车程时间,每天 8 点半上班,除去乘车、等车的时间,中间你还需要出门整理、买早餐吃早餐的时间。按你说的,你只有 20 分钟的时间来处理这些事情,你觉得这么点时间内你要做完所有的这些事情,你时间够吗?"

"就是呀,所以我今天才特别郁闷呢,都怪那个公交车司机,如果多等我几秒钟,就几秒,我时间就足够啦。"看他还是气呼呼地对早上的事情耿耿于怀的样子,我知道他还没有意识到我刚才所说的一席话的含义。

"那你想一想,如果你每天提前起床 10 分钟呢?这一切不是就都可以避免发生了吗?"我继续说道。

小林一副"我也知道"的样子，俨然就是一个早起困难户。

我笑了笑，跟他说："其实没有谁是不喜欢待在温暖的被窝里的。这么冷的天，谁不想多睡个10分钟呢？你看看办公室里面的小刘，家离公司有20多公里，每天早上要坐接近两个小时的车才能到公司，你看看哪天她迟到过？每天还都比你先到公司，你觉得人家困难些还是你困难些？你想想，一天之中你要做很多比赖床更重要的事情。比如各种应酬，完成工作报告，为父母去办一些事情，再不然就是陪女朋友看电影，等等。在做这些事情的时候，你并不会因为要睡懒觉而耽误了这些重要的事情吧？"

"我有时候确实很累，虽然也不愿意去，但是也没办法呢。"

"没错，就是这个没办法才说明了在你心中对于各项事务的轻重缓急还是有所辨别和区分的。如果家里着火了，你还能睡得踏实吗？虽然这只是个玩笑话，但是你要知道，就这么一点时间让你失去了什么，也许是很重要的事情，甚至可能就是你的生命。"

"喔……"小林若有所思又似懂非懂地点了点头。

"你今天迟到了，一大清早可能就让你心情不好了，或许你今天一天都会觉得什么事情都不顺利，会浪费很多时间去抱怨各种事情。但是，如果你想着'算了，今天迟到算我倒霉，明天别再让我碰到那司机就好了'的话，表示你并没有意识到，其实在你的心里，把工作这个事情，已经放在了一个不重要的位置了。你不重视它，你今天就可能以起床起晚了为借口。可是，如果有一天公司安排给你一个很重要的工作任务时，你可能又会以其他的理由拖延、推诿，那么你又如何能继续在公司发挥你的聪明才干，一步一步获得你想要的生活呢？是不是到了那个时候，你又要开始抱怨，说为什么公司连这样一次机会都不给你。你有没有想过其实不给你机会的不是公司，而是你自己一次又一次地错失了机会而已。你应该想着今天迟到了，是因为自己没能早起一些，错过了公车，导致犯下了这个错误，从明天开始，一定要改正。"

小林听完之后没有说话，一直低着头，似乎在想着什么。

其实我并不是一个爱说教的人，而这一次也是第一次和小林说了这么多。在公司里，每天每个人都忙着自己的各项工作，谁都有做不完的事情和各种烦恼，每个人都有自己的生活需要操心。只是看着每天行色匆匆而又冒冒失失的小林，不禁让我想起了刚来公司时的自己，懵懂、天真，干劲儿十足却又容易犯各种各样的小错误。但那时的我，并没有小林这样喜欢对任何事都有一番自己的说辞，给自己找各种理由，我会把任何事情都放在心里，自己慢慢去思考和领悟。即便走了很多弯路，受过不少的教训，但都能让自己不断地成长。

我告诉小林，其实，每一天我们都有很多的事情需要去完成。就算是工作上没有迫在眉睫的事情，我们也可以去充实自己，去学习、去沉淀、去阅读、去行走，去感受这个世界的千姿百态。如果每一天最宝贵的早晨都是在被窝里度过的话，可能一整天都会浑浑噩噩不知道自己应该做什么，要去做什么。久而久之，就不知道自己能做什么，更不知道自己能做好什么。

对于一个刚踏出学校大门的孩子来说，生命的意义、生活的艰难、人世的无常可能还太遥远。毕竟他们还像刚出生的章鱼一般，用自己的稚嫩触角慢慢地伸向这个世界，感受生活带给他们的酸甜苦辣。直到他一路地摸索、行走、奔跑，再回头看看自己丢下的、舍弃的和拥有的是什么，这时的他可能才会真真正正地理解我今天告诉他的这些。现在他可能只是会觉得是一个比他年长的人的啰唆和唠叨吧。

所以，在人生中，欣然去接受你所碰到的这些困难。人生的每个阶段，都会不停地得到与失去，去体会每一刻你所遇到的烦恼与喜悦，并且珍惜这些感觉，因为很可能将来你的成功就是因为你经历过了这些不美好才能成为现在美好的自己。失去并不一定代表不美好！

羡慕别人不如努力改变自己

时常听到身边有人说："如果我像××就好了，家里这么富裕，条件这么好，可以买好多东西，想干吗干吗，还能随时到处去玩，既不用担心工作，也不用操心生计，一切都有家里给安排好了，多幸福呀。"随之而来的，就是一片肯定、赞同和对自己的生活状态抱怨的声音。每当这个时候，我总是会告诉他们："虽然我们不能选择我们的出身，但是我们是可以选择我们的未来的。"

曾经听说过这样一个故事：在美国贫民窟的一个家庭里生活着一家三口，由于母亲很早就去世了，爸爸和两个小孩子相依为命。但是这个父亲并没有尽到父亲的责任去照顾两兄弟，不仅酗酒而且还赌博成性。两个小孩平日只能靠捡破烂为生。可是几年之后，哥哥锒铛入狱，弟弟却成为了当地有名的作家。问起弟弟关于哥哥入狱的原因，他说是因为哥哥觉得生活没有给他带来希望，让他看到了生活的消极面，所以他总是抱怨，开始做起了违法乱纪的事情，自然需要接受社会的惩罚。但是弟弟却把这个困苦的生活当成了一种磨炼，尽管只能靠着捡破烂的微薄收入，但他仍然坚持读书学习，最终成为有名的作家，并且成功地改变了自己的生活。

其实在我们的生活中，并不是很多人都能一帆风顺的。你羡慕别人光鲜亮丽的生活方式，但是你又怎么会知道他们背后经历过多少的辛酸呢？即便是现在你所看到的他在物质方面优越于你，可是你又怎么知道你自己在经过了努力的奋斗，十年或二十年之后，你不会拥有和他现在同样的生活呢？如果他一直不奋斗的话，最终也会失去自己曾经拥有的看似美好的一切。

生活就是这样，你对生活笑，生活也会对你笑。不管你碰到什么样的挫折，只要你努力，就没有任何困难能难倒你；如果你抱怨不停，总是羡慕别人优裕的生活，那可能到最后自己就是一事无成。

我有一个朋友，感情生活似乎一直不是很顺利。我们每次小聚都会感叹，然后再逐一数落一番。可是即便如此，她也仍然没有放弃对爱情的追求和对美好生活的向往，仍旧保持着一颗真心，寻找着真爱，等待着属于自己的对的那个人。

我时常在想，对待爱情尚且如此，对待生活不也可以这样吗？谁的人生会是十分完美的呢？我倒觉得，不完美的人生才是真正的完美吧。没有经历过荆棘和坎坷，没有经历过狂风巨浪，没有经历过头破血流的人生，可能都不能称为完整的人生吧。记得有一位哲人曾经说过："没有在深夜痛哭过的人，都不足以谈人生。"而能在深夜痛哭的人，又有哪一个不是遍体鳞伤呢？人们可能会去嘲笑：弱者才会觉得痛苦，才会流眼泪。但我却觉得，擦干眼泪后重整旗鼓，痛哭之后微笑着去面对满目疮痍的生活，才是真正的勇士，才是霸气的强者。

生活是一把双刃剑，用得好它可以帮你建功立业，用得不好可能就面临着自掘坟墓的危险，而这其中的关键，就在于我们自己怎么去选择。有人说过："生活对于谁都是公平的，它在给你关上了一扇门之后，一定会为你打开一扇窗。"就像贫民窟中的两兄弟一样，难道哥哥没有弟弟聪明吗？不一定，说不定哥哥更加天赋异禀，可是他却没有把这些天赋用在正道上，只是一味地去抱怨生活，最终得到的是不美好的下场；而弟弟却把这个绊脚石当作了自己在以后成功路上的基石，当成了自己仰望蓝天的踏板，由于儿时不同于常人的苦难经历，造就了他不同于常人的生活感悟。加上自己勤奋努力，让自己所创作出来的作品感人至深，从而成为有名的作家，改变了自己曾经苦难的境地。

其实，这种逆境中成长的故事还有很多，这些故事并不是要告诉我们一定要去经历逆境，而是要让我们知道，自己的命运是掌握在自己手中的。你可以利用自己已有的优势，去更好地发挥自己的光和热，为我们子孙后代的明天尽自己的一份绵薄之力。而如果每天只是醉生梦死，终究还是会一事无成。

所以，不管是在什么样的环境之中，我们都应该选择积极向上的生活。不抱怨自己，不羡慕别人。要相信未来是靠自己去创造的，而不是谁能给予的。未来掌握在自己的手中，不依靠任何人的给予与施舍，只有这样，才能在社会洪流中激流勇进，才能永远站在时代的前沿笑傲江湖。

品味失败才能享受人生真正的滋味

当我们抱怨人生太累时，我们是否想过，其实不是社会的压力太大，而是自己一直在逼迫着自己。我们总是追求成功，希望能够成为人生的赢家；我们害怕失败，似乎只要失败就会万劫不复。

在我上大学之前，我一直是很顺利的。我在一个既不富裕、也不穷苦的家庭长大；我有一个姐姐，小区里还有好几个小伙伴，我们一起度过了一个愉快的童年；我在全市最好的小学、初中、高中学习，成绩也一直是中等偏上；学校里，老师喜欢我，我也有自己的死党；十几年来，我所拥有的虽然不是最好的，但我无疑是成功的，因为我一直是快乐的。虽然经历过一些挫折，但都不是什么大问题。

我一直是个乐观、自信的人，我相信我能够解决自己所遇到的问题，我相信我能够过上一段美好、温馨的人生，我相信我是个成功者。但直到后来，我才知道，没有人可以一直成功，我的那些自信其实都只是在掩盖我对失败的畏惧。

大学让我真正体会到了失败的滋味。高考发挥失利，我考入了一所并不理想的大学，我第一次遇到了无法挽回的挫折。但我并不气馁，我知道我还有机会，只要我好好学习，我可以找到一份理想的工作，或者也可以考研究生进入理想的学校。

　　临近毕业的时候才终于明白，人生不就是这样吗？有伤心、有快乐，有成功、有失败，只有这样才算人生，不是吗？

　　过去的自己总是以为，只有东方喷薄而出的日光才是美，西方那阴冷残缺的月亮毫无美感可言。但日光是景，月光也是景，都有它们自己独特的美。

　　我们的人生那么短，只有几十年的时间可以度过；我们的人生那么多姿多彩，有那么多的酸甜苦辣可以品尝。糖果虽然好吃，苦瓜也有它的营养。失败是无法避免的滋味，一辈子顺风顺水的人生大概也会无聊。亲爱的朋友们，成功是那么地诱人，但没有失败，成功又从何而来？成功的喜悦又怎会惊人？享受失败吧，也享受人生真正的滋味！

不努力，即便是天才也枉然

人生难免会遇到挫折，我们有时会被生活打击得遍体鳞伤。但是，人不是生来就为了被打败的，我们确实避免不了失败，但制胜人生也并不是无稽之谈。有太多的人取得了成功，还有一些人却似乎碌碌无为，难道真的是他们不如人吗？

很多人都羡慕别人有着这样那样的天赋，而自己却那么普通。其实大多数人都是一样的，我们都很普通。然而，我们能学习、会思想、有感情，即使世上存在天才，但如果不去努力，即便天才也是枉然，普通人更是只能庸碌一生。

我们看到了那么多成功的人，但他们并不是天生如此，他们都付出了自己的努力！但是，如果他们不努力，便守不住财富，而我们，难道就只能成为永远的失败者？

爱拼才会赢，如果我们总是抱怨着自己的悲惨、羡慕着别人的幸福，那么我们又怎么会成功？人生需要的是一种态度，只有不畏艰难、勇于拼搏的人，才能获得自己所期冀的幸福。那些买了彩票、中了几百万的人，如果不合理地使用自己的幸运，中奖也只是一种拖累。

生命中有太多的事物让我们为之落泪、为之沮丧，难道我们短短的几十年人生都要沉浸于此？亲爱的朋友们，人生如此短暂，难道我们真的要如此虚度？落泪了，就擦干泪；跌倒了，就爬起来；我们还有那么长的未来，怎么能都在哭泣与自怜中度过？

爱拼才会赢，我们更应该看到人生中的那些正能量。那么多人在拼搏，他们努力读书，他们辛苦工作挣钱，他们为着自己的理想奋斗着。因此，他们才能在拼搏之后坦然地说："我尽力了，无悔了。"成功自然开心，失败也无怨无悔。回想一下自己的人生，我们又何尝没有这种拼搏的喜悦？在我们拼搏的过程中，有人打击我们，有人嘲笑我们，但我们又何必在乎这些，毕竟，我们在努力，而他们却只是在笑看别人的人生。

拼搏让你体会到别人无从体会到的快乐。当我们用这种快乐的情绪对待生活时，生活也会给我们惊喜。付出必然有回报，我们并不比谁差，我们有着自己的能力。她漂亮，我聪明；她走运，我努力；她快乐，我年轻……我们在本质上都没有什么差别，但每个人的人生却那样不同，这正是因为，我们每个人付出的努力有所差别。

爱拼才会赢，我们或许会遭遇困难，遇到险阻，但我们无畏。纵使雷电交加，我们也能突出重围，重拾阳光，登上顶峰。山顶的风景或许不甚美丽，但我们却能够为之开怀。山脚之下的生活或许安逸，但也只是纯粹地消磨人生。

亲爱的朋友们，人活一世，只有奋斗过才不会后悔。我只见过一生无为的人在年迈之时为之悲叹、悔恨，而那些拼搏过、努力过的人，却能够笑看自己的人生，没有遗憾，只有释然，只有喜悦。"三分天注定，七分靠打拼"，拼搏或许辛苦，但我们无悔！

逆着风的方向展翅飞翔

俗话说："人往高处走水往低处流。"如果人不奋力地往高处努力奋斗，到最后，可能不只是停滞不前这么简单，面临的将是时代的淘汰。

我们其实都知道，成功并不是偶然的。每个成功人士的背后经历了多少的辛酸、付出了多少的心血我们都不得而知。只有流下过无数的汗水，流下过无数的眼泪，耕耘过无数的荒田之后才能造就人们眼中光鲜亮丽的形象。记得有一个朋友创业之初压力很大，很多个深夜里，我都接到过他的电话，电话那头并没有说一句话，只有不断嘤嘤啜泣的声音。可是即便如此，他还是选择了逆流而上，追求自己一直追求着的梦想。

我还有一个朋友，一直坚持去健身房运动，风雨无阻。有时候冬天外面阴冷潮湿，有时候夏天酷热难耐，但是只要是他计划健身的日子，他就一定会去，而且一定是按质按量地完成所有的训练内容。当朋友们问他为什么能坚持下来时，他说："其实我也知道在家里待着很舒服，吹吹空调，看看电视。可是现在年轻还察觉不到身体健康的重要性，等年纪大了，如果没有一个健康的身体，各种病痛袭来，不但苦了自己，可能还会连累到你爱的人和爱你的人。每个人其实都知道身体健康的重要性，可是能够坚持锻炼身体的人却寥寥无几。要做一只逆流而上的鱼儿其实并不难，只要昂首挺胸奋力地游动就可以了。可是这过程也需要历经艰辛，可能会碰到礁石，可能会碰到暗流。正如同爬山，如果不爬到山顶，就永远都不会感受到山顶美妙绝伦的风景。"

有一首歌唱道："逆风的方向更适合飞翔。"如果想做一只翱翔蓝天的雄鹰，那么就勇敢地张开翅膀去迎风飞翔吧。把每一次的伤痛，都当成让自己羽翼丰满的机会。因为在这条路上，我们并没有选择，无路可退，也无法逃避，只能让肃杀的风凛冽地扑面而来，冻得鼻青脸肿却不屈地勇敢前行。

其实我们在小的时候都会有很多的梦想，想当科学家、发明家、作家等，但是随着时间的推移和岁月的更迭，我们因为各种各样的原因，都没有去努力实现自己的梦想。只是回忆往事的时候我们才想起说："哎，原来我可是……"与其说我们没有为自己的既定目标做好准备，不如说我们可能一直都不敢去尝试实现自己的梦想。参加选秀节目的选手们，他们都在努力地追求着自己的梦想，即使未来的道路上充满了艰辛，但是他们还是尽自己最大的努力去表演好每一次的演出。他们都是生活的强者，是逆流而上的鱼儿，是逆风飞翔的雄鹰。他们勇敢地追求着自己的梦想，不管别人的眼光，不畏惧一路的荆棘。我们没有理由去嘲笑或者讽刺一个为自己梦想而拼搏的人。

就从现在开始，行动起来吧，我的朋友们！做一只逆流而上的鱼儿，做一只逆风飞翔的雄鹰，别怕伤痛，别怕失败。因为我们都会在伤痛中成长，在失败中走向成功。

第三篇

想法不同，活法就有所不同

生命有很多姿态，人生也有很多活法。你可以庸庸碌碌地过一生，也可以拼搏奋斗地过一辈子；你可以苦苦追求不属于自己的东西，也可以简单快乐地生活。我们究竟想要什么样的活法？这都是由你的想法决定的。这就是为什么有些人看到的是黑夜，有些人却看到了繁星。

第九章　简单生活，让你尽情欣赏云卷云舒

有人经常抱怨生活每天都机械地进行，上班下班，做饭吃饭，

工作睡觉，一切都显得那么无趣、单调。

可是，人生不就是简简单单的旅程吗？

简单而平淡的生活不就是平静和淡然的快乐吗？

"行到水穷处，坐看云起时"，闲暇之时抬头看看蓝蓝的天空，

欣赏云卷云舒的美丽，才是对生活的享受。

简单同样也可以很精彩

　　自然、自由的方式是最舒服的生活方式。人与人之间的思维方式和生活模式都是有所差别的，好或者不好都只有自己才知道，合适才是最好。

　　峥峥和我是一个部门的同事，平时关系不错，像好姐妹一般。峥峥在工作方面一直很努力，有自己独到的想法和见地，所以很多事情我都放心地交给她处理。阿裕是公司总部的同事，因为工作的关系，阿裕、峥峥和我都相互认识。

今年经常看到峥峥去总部所在的城市，我以为只是因为她负责的工作项目比较多，所以来往总部参加会议、培训的次数比较多，也没多想。近来，看到峥峥提交给我的数据报告总是存在一些小错误，头两回，我没太在意，只是提醒她错误所在，让她改过后作罢。后来发现错误越来越多，和她平时的工作表现反差较大。我以为是她最近工作任务大，又经常出差，想着要不要和她谈谈。于是，午餐后，我邀峥峥一块来到公司楼上的阳光屋坐坐，喝点茶。

红茶的口感如女人一般温和，略带些甜味。我一边和峥峥喝着茶，一边问起："峥峥，最近是不是工作压力比较大？状态有些不佳呢？"

"小苏姐，我……"

"没事儿，峥峥，如果确实觉得忙不过来，把你现在手头上的工作梳理下，可以划分出去的我帮你分给小彭去做。"

峥峥放下茶杯，望着我，眼神里少了些平日里的那种神采，有点落寞……

"其实，小苏姐，我……"峥峥停顿了下，似乎犹豫再三才鼓起勇气继续开口说道，"我跟阿裕现在算是在一起了，但是有太多的问题需要去解决和面对了。"

"你跟阿裕？是因为你们俩之间的事情影响到了工作状态是吧？"

"嗯，小苏姐，对不起，我知道不应该，但是总觉得脑子里好乱……"

"傻姑娘，没关系，跟我说说，看我能不能帮你出个主意。"

峥峥向我娓娓道来，他俩认识差不多快两年了，但也只是平日里工作上面的一些简单交流。去年9月份的时候，是因为峥峥的妹妹在阿裕所在的城市遇到了一些棘手的状况，峥峥也帮不上忙，就和阿裕无意中聊起了这事。碰巧阿裕的哥哥能帮上忙，所以阿裕就前前后后帮峥峥的妹妹奔走，并告诉峥峥事情处理的进展情况。差不多忙活了半个月的时间，阿裕的哥哥终于把事给处理好了。峥峥心里很感激。因为知道10月份要去总部出差，所以峥峥跟阿裕说好要当面表示感谢。

就这么一来二去的，两人就在一起了。

我有些惊讶两人发展的速度，但似乎也没什么好惊讶的。峥峥是个热心肠的姑娘，热爱生活，爱好也广泛，所以结交了不少朋友。周末或者下班之后的活动安排也总是很丰富。她为自己安排了充电的课程，或者和朋友相约参加一些公益活动，总之就是没让自己闲着。

根据我对阿裕的了解，阿裕所在的城市是国内一线城市，他靠自己的努力在那里站稳了脚跟。因为阿裕姨妈常年在国外，房子对外租赁需要人打理，于是阿裕就帮着打理房子。阿裕已经三十出头，但是仍是单身，平时也就和几个熟悉的朋友或者同事相互走动下，没有太多其他的业余安排。峥峥告诉我，阿裕想要她去他的城市，这样他们能在一起，筹划两人的将来。峥峥说她不是没有考虑过到阿裕的身边去，不然也不会在这半年来频繁地去阿裕的城市。

起初，峥峥想得很简单，想工作调过去之后，和阿裕一起努力，做一些小投资，峥峥能做一手不错的手工艺活，做出来的小装饰品都特别受同事们的喜欢。她甚至想，自己多辛苦点，多做一些小玩意儿拿去卖，好和阿裕努力在那个生活压力不小的城市搭建起自己的小家。但是在和阿裕逐步深入了解的过程中，她发现阿裕想得比较简单，峥峥想的两人努力奋斗的想法他都说好，但是就是给不出什么建设性意见。他觉得自己现在过得挺好的，不愁衣食住行，但是峥峥觉得阿裕现在的日子比起她现在过的日子来说，实在是无趣透顶了，她无法想象让她也长期过阿裕现在的生活，她知道自己受不了。

我们都有自己所熟悉的生活方式，每个人都有自己适合的生活方式。不需要去勉强他人的生活方式能和你一样，你所认为的简单也许在别人看来并不简单，别人所认为的简单或许在你看来很无趣。一切都取决于你怎么想。

一场动人的电影可谓之精彩，一道美丽的风景可谓之精彩，独特的特殊技能也可谓之精彩，但并不是所有看起来复杂并且风光的东西才能称得上是精彩。简单，同样也可以很精彩。

随着现代社会文明程度的不断提高，人的综合素质也相继在提高。经常能看到各类新闻平台上报道有些学生以自己的成绩考入各大著名高校，甚至是申请到国外的知名学院，但是并不是每一个人都能做到如此。

每个孩子的父母并不是希望自己的孩子有多大的成就，创造出多么辉煌的成绩。在我看来，父母对孩子付出了全部的爱，希望在他们的关心照顾下，孩子可以开开心心、健健康康地成长。

清洁工人也许算是这个社会中最常见的普通劳动人民，终日的工作就是保持路面的整洁，工作内容也就是简单地扫地，但是他们同样也为社会贡献了自己的力量。烈日下，寒风中，都能看到清洁工人们在认真地清扫路面。

一朵花会因为一滴雨露而鲜艳妩媚，一株草会因为一缕春风而摇曳多姿，一湖水也会因为一片落叶而荡漾清波，而一个人也会因为你收获别样人生。

  我们读书，只是为了让我们的大脑更加充实；观赏很多的风景，只是为了让自己的视野更加开阔；与很多人结识，只是为了了解和自己不一样的人生。自己想做的事，就努力去做；自己爱说的话，就直接简单地表达；自己梦想去的地方，就背上行囊出发；自己最喜欢什么样子，就让自己成为你所喜欢的样子。即使遇见各种突如其来的变化，也要在平淡中过活，在大风大浪中接受考验，日子中便充满柴米油盐、细水长流的温情。生活，就是要随心而乐，随意而行。

  其实我们就是一些普通的人，过着一些简单普通的日子。尽管普通、平凡，我们也可以创造自己的精彩。

简单而快乐地生活

在作决定或者做某件事之前，会不会觉得能听到自己内心的声音，正是这种声音告诉你想做什么，该做什么，怎么去做。或许受到过多的外界干扰反而会让你违背内心真实的想法。倾听自己最真实的心声，遵循你的心声，跟随心声的指引去做你想做的，你将会得到你想要的快乐。

因为生活在大家庭里，我是家族同辈里年纪最小的，也一直是大家庭里面最受疼爱的。从小也因为模样可爱、小嘴又甜，哥哥姐姐们也总爱带着我一块出去玩。

南希姐比我大5岁，从小我就爱黏着她，记得我还很小的时候，每到过年大家聚在一起热闹的时候，晚上我都会跟南希姐一起。她会牵着我的小手给我买好看的小糖果，带我一起放烟花。我读中学的时候，南希姐就给我买好看的发夹，或者买一些书送给我。南希姐工作一年多时，我才进入大学。因为我在外地读书，每到放假回家的时候，南希姐就会带我一块出去吃饭、逛街，给我买东西。当我参加工作了，南希姐已经换了几次工作，快30岁的她从小到大都没有离开过她生长的城市。更确切地说，她从小学、中学、大学到参加工作，到现在换了几份工作，她都没有离开过。

南希姐之前的一份工作是做一名大律师的助手，她经常拿着厚厚的与法律相关的书籍进行研究，要不就是抱着厚厚的一堆材料跑法院。每天过着家里、单位两点一线的生活。她平日里也不热衷参加各类聚会活动，家里倒是打理得井井有条，哪家亲戚有点什么事让她去帮忙，她都很乐意。现在的南希姐在一家连锁咖啡馆里做培训管理。记得她刚换这份工作的时候，倒班加上因为要学习识别咖啡而大量饮用咖啡的原因导致她出现身体不适、睡眠不佳的情况，人也消瘦了不少。但坚持做了快三年，她逐步地习惯了，慢慢地走上了培训管理岗位。夏日里，我到她店里去，她会亲手为我调一杯清凉的新饮品；冬日里则会亲手为我调制上一杯浓醇香甜的咖啡。

南希姐也经常自嘲说，自己这么大，从读书到工作都没离开过这条路，自己想想也有点好笑，她也不知道是怎么回事，好像自己内心觉得应该就是这样。现在我会经常拉着她一块参加各种朋友聚会，或者一些好玩的活动。一来是可以帮她拓宽下朋友圈，二来也让她从紧张的气氛中喘口气。不过她参加了几次之后跟我说，她还是喜欢简简单单地在家里调上一杯咖啡，静静地看会儿书。

南希姐还会和我分享她的相亲经历，经常让我笑得合不拢嘴。

最近因为工作忙，好久没有和南希姐聚聚了。周六发信息给她，她很快回复，"今天有咖啡公开课，有空来坐坐。"我立马收拾出门，在店铺外面就看到南希姐在演示怎样分辨不同产地的咖啡豆。我走进教室里面找了一个角落，安安静静地坐下，她发现了我，招呼店员给我送来了一杯平日里我常喝的咖啡。我一边慢慢喝着咖啡，一边看着南希姐和来参加咖啡公开课的客人们亲切地互动。

时间过得很快，一个小时的公开课很快就结束了，我一直沉浸在公开课简单温暖的气氛里面。看着南希姐亲自为每一个参加公开课的客人送上小礼物并跟大家愉快地聊着。在送走最后一个客人后，南希姐就开始忙着整理咖啡教室里面的各类用品，很快都收拾完毕了。南希姐走向我说："小丫头，今天怎么了，怎么突然想起姐了？""没有啦，最近太忙了，好久没看到你了，今天正好有空就来看看你。"我不好意思地挠挠头答道。"乖，我收拾一下，一起去吃饭。"南希姐揉揉我的头，就像我还是几岁的小姑娘一样。

吃完晚饭，我们一块散步，聊了很多近况。临别时候，我对南希姐说："姐，希望你一直这么简单地快乐下去！""我一定会的，小丫头，你也要听从自己内心的声音哦，和姐一样快乐！"南希姐坚定地回答道，并且给了我一个简单温暖的微笑。

用宁静的心拥抱世界

用宁静的心拥抱世界——保持身心安定，能清清楚楚地了解自己，知道什么是可以做的和不可以做的，在什么时间该做什么，其实这就是一种大智慧。心有多大，世界就有多大。如果你能够保持简单，那这个世界对你也同样简单。

外婆要过 70 岁生日，在记忆里这是她第一次过生日。以往每次快要到她生日的时候，她嘴上总是会说："一把年纪了，生日有什么好过的，天天都这样，没什么不同嘛。"这让家里的晚辈们听着总是觉得少了一件麻烦的事情，其实只是她不愿意让家里人操劳。但是好像从来都没有谁去探究她是否也想像其他人一样，在生日的那天，亲戚朋友们能来家里聚一聚，打打麻将，聊聊家常，说说过去。我常常抱怨地对她说："你这个农历的生日真是不好记呢，每一年都不一样，过阳历的生日多好，每年都一样。"她总是笑笑跟我们这些小孩子们说："在我们小的时候，哪儿有什么阳历日子，每天就想着今天是农历初几，初几可以去哪里赶集，然后就可以跟着你外公去集市上走走看看。阳历的日子，我还记不住呢。"从那时开始，我就开始在心中默念"九月十二，九月十二……"，像是要把她的生日牢牢地刻在脑海里。

从小，父母忙着工作。我在乡下老家长大，都是外婆把我带大。记忆里，她好像是不会老的。她带着我走在田野边，看着绿油油的麦苗。很多年前的我还没有这么高，一老一少，大手牵小手，去赶集或者提着一大堆东西回家，无数次地走过这田地。现在只要是天气好，每天早上 6 点一过，她就会背上她的羽毛球拍，去公园里和她的球友们一块打球锻炼。有时候早上我也会跟着一块去，我一边晨跑，一边看着他们一个个流畅的动作姿势。我总觉得她仿佛才 40 岁一般。在家里，她从来不会让我做任何家务，不让我和她去菜市场，逢年过节很早就会自己背着竹背篓出去买菜，除非是我强烈要求。鲜有的几次和她一起出去买菜，她一路上都在对我说，平时你最爱吃的那家的卤味店就在前面五十米拐角处的地方，绿叶菜要怎么挑选，新鲜和不新鲜的东西要怎么区分。我总是漫不经心地听着，随口应几句，心里想着这些事情不用我来操心。今天看见她站在家门口，和每个来祝寿的亲朋好友热闹地寒暄，拉家常，才突然觉得我生命中这个重要的女人，似乎真的老了。她开始经常忘记一些事情，有时候一件事情要重复问我好几遍。不记得客房的被套是放在我的房间柜子里还是父母的房间柜子里。每年冬天我过完年离开老家的时候，她会一直跟我说："天冷了，如果出去出差，别忘了带上给你织的羊毛衫。"她每年都会亲手给我织一件新的。因为手艺好，很多亲戚朋友都找她帮忙织。经常连外公的羊毛衫都没时间织，但是我的她一定不会漏。

很久前，我给她打电话问："外婆，今年大寿，有没有什么想要的礼物呢？"她笑笑说："外婆想要什么礼物，你还不知道吗？小丫头就知道装傻。"我笑了笑，换了别的话题。她过生日的那天，我刚下车一进家门，就立马把礼物拿给了她，亲昵地挽着她的手说："外婆，我回来了，今年陪您好好过生日。"其实从我回家的那一刻，她就知道我没有给她带来最想要的礼物。我没出生前，她就忙着照顾父母和外公的起居生活。我出生之后，父母工作繁忙没太多的时间顾及我，她就担起了照顾我的重任。我工作之后，她就一直在老家打理着家里的各种事务，虽然也没什么很重要紧急的事情，每天简简单单，她给自己也安排得挺好，每日有规律地作息，享受着宁静的日子，每周都固定和我们这些在外打拼的孩子们打打电话，其实也没有什么特别的话题，也就是问问我们吃得好不好，工作忙不忙，要注意休息，每次都是简单地重复着这么几句。她随身带着我们送她的生日礼物，每次挽着她的手陪她一块儿出去散步的时候，逢人便说是我们这些子孙们孝敬她的，对她多好多好之类的。这些话让站在旁边的我眼睛湿湿的，或许老人家就是这么简单，这么容易满足。

翻看着旧时的照片，那时总是会觉得自己永远都是小孩；外公外婆、爸爸妈妈永远都会在身边。我亲亲外婆说："外婆，生日快乐！你要好好的，我会一直想你的。"外婆摸摸我的脸，虽然满脸皱纹，但是一脸慈祥的笑容让我觉得很舒服、很踏实。

看着她现在每天的日子都过得不错，虽然简单，但是她觉得充实快乐。我依偎着外婆说："外婆，我用手机给我俩拍张合照吧，我经常不在你身边，有了照片，我想你的时候可以经常拿出来看看。""好啊。"外婆连忙用手整理一下头发，整整衣服。于是我拍了不少合照放在我手机里面，还和外婆一块儿挑选哪张拍得比较好。

祝愿外婆一直享有这样简单、宁静而美好的日子！

简单生活才能幸福生活，人要学会知足常乐，宽容大度。心灵的负荷重了，就会怨天尤人。把不愉快的人和事从记忆中摒弃，简单地生活才能快乐地生活，心自然会日趋平和、宁静、从容，不以物喜、不以己悲。

过得简单，活得快乐

现代社会的节奏不断加快，我们经常忽略了生活的本质。

爷爷和奶奶的故事是父亲讲述给我听的。爷爷是那个年代的大学教师，奶奶是当时单位里面为数不多的女技术工人，因为表现优秀，被送到爷爷所在的大学里面进修一年，而奶奶的进修课程里面就有爷爷所教授的科目。

一日午休的时间，奶奶跑到教学楼的楼顶，看着天气甚好，想享受下阳光。谁知，刚踏出顶楼的楼梯门口，就看到爷爷坐在楼顶中间坐着喝茶。鉴于当时爷爷是老师，所以奶奶就放弃了去享受阳光的念头，怯怯地回到教室里面等待下午的课程开始。连续三天，奶奶每天跑上顶楼时都看到爷爷在。第四天，她终于鼓起勇气走出楼梯。因为每天上课的学生很多，爷爷也并不是每个学生都认识或记得，只是看到有人也上来了，微笑着点了个头，两人各自享受着美好的阳光，但是奶奶却知道这是自己所上的课程的老师。

连续两个月，每天两人都会在顶楼看到对方，从刚开始互不认识到逐渐地两人会相互打招呼，再到后来中午会一起聊一会儿天。到了第三个月，爷爷突然有一天发现自己的教学班里，那个一起在楼顶享受太阳的女生也在。开始时，爷爷以为自己看错了，后来中午在楼顶见面时两人才确认了没错。

那时候，爷爷和奶奶年纪相仿，只是一个是教师，一个是学生。在每天的交谈中，奶奶感受到了爷爷渊博的知识及开阔的思维，爷爷也感受到了奶奶的温柔与细腻。就这样，日子不知不觉地过去了，奶奶进修的课程快结束了。

在结业典礼的前一天，仍然在楼顶，甚好的阳光，爷爷送给奶奶一个小盒子，并且说让她回去再看。奶奶下课回到家后，打开纸盒一看，里面是24只不同颜色和款式的袜子。但是每只都不成双，让奶奶着实纳闷了很久，也不知道是穿好呢还是不穿好呢？半个月后，奶奶去学校拿毕业证书，爷爷特意在办公室门口等着奶奶。那时候就快过年了，大家都等着把证书拿回家好过个好年，来年继续努力。看着奶奶往办公室走来，爷爷急忙又递上一个盒子，再次叮嘱说回去再看。奶奶看着盒子的大小和重量与上次爷爷送的差不多，就猜想难道又是24只袜子？

回到家后打开包装纸盒，奶奶才发现原来这一纸盒里面和上次那一个纸盒是能够配成对的24只袜子。奶奶看到这些似乎明白了些什么。那年奶奶24岁，24双袜子成双成对。

再后来，爷爷带着两瓶酒到奶奶家来提亲。没有现代这种热闹的婚礼、闪亮的钻戒，就是两人拍了结婚登记证的照片，盖上钢戳。双方父母和小两口一起吃个便饭，这就组成了一个新的家庭。

爷爷和奶奶结婚之后，每天的日子都过得非常简单，爷爷每天上课，奶奶每天上班。登记后，他们住在了单位分的小房子里，房子也不过 30 平方米，厨卫都是公共的。谁下班早谁就去买好菜烧好饭，等着对方回家一块吃。吃完饭，两人一块收拾碗筷，那时候没有手机、没有电脑，没有这么多时尚新鲜的玩意儿。两人饭后就是散散步，回来看会儿书，聊聊每天的工作或者新鲜的见闻，这样日复一日地过着简单的生活。爷爷和奶奶也恩爱地过了一辈子，到老了两人还会手牵手，一会儿没看到对方了，就会问我们他／她去哪里了。

老一辈的这种生活方式对于我们年轻人来说也许是枯燥乏味的，但是我觉得他们对于生活的满足感是远远高于我们的，并且他们的幸福感是我们难以得到的。我们需要的就是这样一份宁静和快乐，去听听和享受自己内心中那种渴望平静的心声，拾回那种简单生活的快乐。

顺其自然，美好就会不期而至

　　顺其自然并不是让你处于完全被动的模式，不去争取，对任何事情都妥协，而是说让一切都更自然些，不要去强求，要符合客观规律。在越顺其自然这样的情况下说不定越能有好的结果出现。其实就是不去想太多，到什么时候该做什么就去做什么。记得保持一颗乐观、积极、淡定的平常心就好，刻意去做什么事有时候反而会适得其反，自然一些，事情便水到渠成。

　　每个人一生中都会认识很多人，只是有些人在你的生命中只是路过，而有些人却留下来了。从读书到现在参加工作这么多年了，都已经不记得认识了多少人，每隔一段时间看手机里面的通讯录都会发现有些名字感觉很陌生，不记得是在什么情况下留的联系方式了，便索性删掉。我需要联系的或者需要联系我的人自然能找到方式联系上。

　　大学毕业之后，一直保持着联系的大学同学人数用一双手差不多就能数得清，也不是因为关系不好而不再联系，而是就这么自然而然地没了联系。燕儿是一直与我保持联系的大学同学，或许是因为同住一个寝室的缘故，所以经常会有电话来往，虽然我们不在同一个城市。

　　我还记得大学报到第一天进入寝室门的那一瞬间，就看见瘦弱的燕儿坐在床边，披着一头营养不良的长发，皮肤也黑黑的。经过大学几年的磨炼，燕儿整个人面貌一新。燕儿本身就是个挺水灵的姑娘，只是没好好打扮。她父母离异得早，加上家里重男轻女，家里人都关注的是她哥哥。她从四川跑到这边时，都是一个人拖着一个比她还重的皮箱过来的，没有家人送她。可能也是受家庭影响的原因，燕儿对于婚姻、家庭非常没有信心，并且坚决地要做一个丁克，她觉得自己的成长经历很不幸，她对自己以后的家庭也没有信心，所以不想以后有了孩子让孩子过得不好。因为她容貌姣好，人也聪明能干，在大学校园里直至毕业后身边都是成群的追求者。但是燕儿一直跟我说她找不到她想要的安全感，每次跟对方交往一段时间之后，男生提出结婚的意向时，燕儿就总是飞也似的躲掉了。我对燕儿说："别害怕，人生的路还很长，来日方长，顺其自然，你要的那个人一定会出现，到那时候你会全身心地相信他。"燕儿总是眨着大眼睛望着我问道："真的会吗？"我告诉她，"当然"。

毕业后，燕儿去了北京，说是有朋友在那边给她找了工作，虽然她从很小都是一个人独来独往，但是我还是不免有些担心，告诉她有什么问题一定要打电话给我。

到北京将近一年的时间，燕儿换了两份工作。突然一天，我接到燕儿电话，她说她要结婚了。我特别惊讶，"这才毕业多久，你怎么就决定要结婚了？突然对婚姻家庭有信心了？"燕儿无法掩饰地笑着说："嗯，是的。就他了。"

他们的婚礼选在"五一"节假日进行，我特意多请了几天假，帮着她一手操办着婚礼，因为她家里的情况，我也算作了半个娘家人，忙前忙后。看着热闹的婚礼进行着,我想燕儿应该很开心。又过了快一年,又接到燕儿的一个好消息:要当妈妈了。因为燕儿丈夫的家在我待的城市,所以她回来安心养胎,我自然非常开心,经常去看望她。聊起以前她对于婚姻、家庭、孩子的没信心。她也说,确实她现在都觉得像做梦一样,好像一切都是这么自然而然地发生了。自己也没有像当初想象的那么抗拒,反而非常感激这一切来之不易,也非常珍惜这些点点滴滴。

是呀,当你没有遇到这一切的时候,也许你会觉得迷茫、不安和恐惧。对于那些在你生命中出现过的但没有留下来的人,让他成为你记忆中的一个美好的过客吧,让那些已经过去的经历成为一段美好的故事。顺其自然一些,只要你心怀美好,你就会等到美好日子的来临,也许那一天一切就会在不经意间悄然而至,你可能都没有预计到幸福会来得如此之快,但是请相信,一切都会是那么地自然与美好。

浮华后才是平淡

生活其实是一件艺术品，在我们不断经历的同时需要懂得欣赏，细细品味。我们的人生就像是在追逐自己美丽的梦，也在不停地等待，等待一个自己想要的未来或者一个想等到的人。可能因为不断地变迁，热闹与喧嚣难免会让人步履有些沉重，精彩与绚丽会让人不自觉地陷入一些沉思感怀中。如果你迷失在繁华中，那么在流年浮华过后，一切都会淡如清风，回忆起种种，最终一切都会归于平淡。

三年前，伟达因为父亲的辞世，急忙从深圳回到家乡，也向公司申请调回家乡。他的父亲母亲一直相亲相爱，互相照顾陪伴，父亲的离去，让他马上作出决定，放弃在深圳的所有，回到家乡陪伴母亲。他是家里的独子，所以他知道父亲的离去对于他母亲来说，意味着什么，这个时候他必须回家。

和妻子一起回到家安慰了母亲之后，伟达就忙着料理父亲的所有身后事。曾经，父亲是这个家的顶梁柱，也是因为家里有父亲能好好照顾母亲，心系父母的伟达远在深圳也能安心地打拼事业。忙完父亲的事之后，伟达每天想着的就是怎么样去开导和陪伴母亲，并且重新在家乡把事业发展起来。

时间过得很快，回来也快两年的时间了，母亲的情绪也逐渐稳定起来，不再像之前那样终日愁眉苦脸了，伟达在家乡的事业也逐渐有了些起色。可是生活就像打地鼠一样，这里刚按下去，那边又冒起来了。家家有本难念的经，婆媳关系永远是一门高深的学问。因为以前远在深圳，没有和父母长期生活在一起，所以即便是婆媳之间有问题也会因为距离的原因不会表现得那么明显。但是回来之后，同住一个屋檐下，矛盾日益浮现。刚开始，伟达以为只是因为生活环境的改变、家庭的变故而让妻子和母亲之间出现了这样的摩擦，等到相处的日子久一些，自然就会融洽。

可是事与愿违，相处的日子越长，两人的矛盾不但没有淡化，反而愈演愈烈，这让正忙着奔波事业的伟达相当头疼，一边是失去父亲的母亲，一边是结发妻子。妻子当年也是 22 岁，只身从老家一个人跑去深圳陪伴他。他们没有举办热闹的婚礼，因为当时两个人都很年轻，也没有任何家当。两个人领了证就算办完人生大事了。两个人一起奋斗着，从一穷二白到现在，也是两个人一起一点一滴积累的结果。

因为妻子与母亲之间的矛盾时常会被妻子扩大化，怒火就会衍生到伟达身上。经常工作了一天的伟达回来却被无名火所殃及，刚开始的时候他还能忍受，还反过来平息下妻子的怒气。时间长了，加上有时工作也会遇到不顺的时候，两人就不断争吵。冲动是魔鬼，人一争吵起来，有时候自己都不知道自己会说些什么，哪还顾得上什么生活哲学、容忍之心。不断地争吵，并且从之前母亲和妻子之间衍生到伟达也被搅和进去了，家里没有几天安生日子。突然有一天，岳母重病住院，反倒是让这个家安静了不少，妻子终日忙着照顾自己的母亲，伟达每天也是忙前忙后，伟达的母亲也经常去医院，看看有没有什么能帮上忙的。可能也是因为这些事情，妻子突然之间明白了很多，明白了家人亲情的重要，明白了相互忍让与包容。伟达的母亲似乎也明白了之前自己没能从失去丈夫的阴影中出来，总是为难媳妇，使得两个人矛盾不断升级。经过三个月的治疗，岳母康复出院，伟达一家也恢复了之前难得的和谐。在经历过这些事情之后，生活终究还是让所有人有所感悟。

生命总会有走到尽头的那一天，所以心灵需要出口，只有你为心灵找到了出口，把心上的锁打开，才能真正地释怀。人之所以挣扎与纠结，是因为把钥匙丢了，但希望总在远方起航。心若沉浮，浅笑安然。在经历过万千磨难之后，谁都会懂得平淡的珍贵。

带上幸福的心态生活

在忙碌中，时间总是过得很快，让你在不知不觉中淡忘了时间，淡忘了苦难，但是唯独淡忘不了的是自己。人在琐碎忙碌的时候，很容易忽略自己的心情，也很容易忘记抬起头来看看接下来要走的路。当下，是一种状态，也是一种起点。从这里开始，我们将走向前方，走向远方。带上幸福快乐的心态，整理好行装，意气风发地出发吧，去寻找自己的幸福。

人为什么需要另外一半呢？是上帝创造人类的时候，看到亚当太寂寞了，把他的一根肋骨拆下来造就了女人吗，还是人类进化论中所说的，是人类繁衍后代、自然进化的结果呢？其实这些理论不过是理论。只是很多人没有寻找到自己幸福的一个托词而已。

当下仿佛女生一过了 25 岁，就会出现单身危机。如果这时 25 岁的你，未婚并且没有稳定的交往对象，别人似乎都会说"还不急呀，小心嫁不出去被剩下来哦，到时候就很可悲了"。现代社会的压力与日俱剧增，不知是因为要求过多还是因为受到过严重的伤害，还是其他原因造成现在大龄青年的普遍存在呢？

曾雪眼看着已经迈过 25 岁大关两年了，家里时不时会在任何一个时间，打电话问她的感情情况。刚开始曾雪还是一副无所谓的样子，后来老妈觉得非常恼火，直接发火了："结婚生子是人类社会发展的自然规律，难道你想要跳出这个规律吗？你一个姑娘家的，那么拼命做什么？每个人一辈子到了什么年龄阶段就该做什么事情，这是几千年的历史证明了的并且无法改变的真理！"

其实曾雪觉得一个人挺好的，每天上班，公司包餐，不用考虑每天要买什么菜，要做什么花样的菜品哄老公开心，也不用考虑家里各种亲戚有什么事情需要帮忙，等等。一个人自由自在，无忧无虑，一人吃饱全家不饿。但是每到过节，又发现自己没有一个家好像缺少了些什么，感觉有点凄凉。下班后，同事们都是各回各家，或者团圆聚餐去了。曾雪想着像自己这种单身的人就只能坐在办公室里面加班，事情做完了，还会傻傻地呆坐一会儿，直到实在不知道干什么了，才恋恋不舍地离开办公室。经常到了周末，不去办公室总觉得少了些什么东西一样。寂寞的年代，我们对一个人去楼空的地方产生了依恋，依恋的不是其他，而是一种心情。

但是逐渐地，曾雪觉得日子一天一天这样过着，似乎也没有什么特别不开心的事情，但是也没有很开心的事，不免有些在浪费生命的感觉。似乎在一夜之间，曾雪认识到了幸福快乐还是要自己去寻找，并不是因为那些所谓的剩女观念，而是要让自己过得更加快乐。

于是，曾雪和之前的同学朋友联系逐渐密切起来，原来大家都以为曾雪是走女强人路线，一心都扑在工作上。逐渐地，从开始曾雪因为忙没有参加活动到后来大家慢慢也习惯性地没有主动联系她了。看到曾雪的回归，大家都非常开心，曾经曾雪也是组织策划活动的一把好手。局面逐渐打开，曾雪似乎找到了自己心里喜欢的那种快乐的感觉，将工作造成的麻木感觉一扫而光，反而让自己在工作的时候更加有效率，人也更有精神，笑容更多，同事们还怀疑她是不是谈恋爱了。果然，爱情也悄然而至。在朋友们的聚会上，也不知道是朋友们有心安排还是怎样，曾雪遇见了一个男生，两人第一次见面就相聊甚欢。聚会散了之后，两人也保持着频繁的联系。快乐的日子过得很快，一晃一年多过去了，两人也交往有一段日子了。男生觉得各方面都准备好了，勇敢地向曾雪求婚，曾雪也开心地答应了。家人担心的一切都迎刃而解。

　　无论是当下，还是将来，我们会不停地在突然间醒悟中前行，虽然很多事情都是解释不清的，就像冥冥之中注定一样，但无论如何，不浪费生命，不虚度光阴，踏踏实实地做，快快乐乐地活。我相信，幸福就在不远处，我们都会幸福。

第十章　拒绝悲观，避免让内心蒙上灰色

人生总是会遇到不期而至的失败，遭遇无法预料的磨难，

让人感到灰心、失望，甚至绝望。

我们是应该驻足悲观，还是乐观前行？

我相信很多人都会选择后者，因为人生并不会因为我们悲伤驻足而停留片刻，

悲观消极只会将我们推向深渊。

所以，我们不要让自己的内心蒙上灰色，

带上幸福快乐的心态继续前行，美好就会在前方等待。

心中怀有一片光明的世界

世界上乐观的人，都在经历着相同的幸福；悲观的人，总是经历着不同的不幸。比如乐观的人在下雨天有一把美丽的伞，保护着他，从街头走到街尾。悲观的人，即使有了一把遮雨的伞，却发现走到一半，鞋子进水了；或者撑起伞的时候才发现伞在漏水；又或者在大伞的保护下，鞋子又很舒适，过马路时却被飞驰而过的汽车溅了一身水。

我们大学毕业之后，无非就是两条路可以选择：考研，就业。容容读的大学在天津，是一个没有亲人、没有朋友的地方。她适应能力不错，大学四年平稳度过，她毕业后答应家人报考国家公务员。

读书的时候，容容就是边玩边学的状态，学东西一点不费力。第一年公务员考试的时候，她考取了第二名，距离录取只差一步之遥。她乐呵呵地说："没关系，第一年就当试试手，明年继续嘛。"第二年，她认真地做了些准备，第一轮笔试顺利入围。报考的人不少，她以第三名的成绩通过第一轮笔试。家人和她自己对于第二轮笔试和面试都比较有信心，容容觉得应该能顺利录取。在第二轮笔试的时候，可能因为太过于紧张了，发挥有些失常，成绩只是处于中等水平。全家人听到这个消息后都很着急，家里气氛都不太正常了。容容自己先给自己宽起心来："虽然第二轮面试不是最理想成绩，但是第一轮不错呀，而且这不是还有面试嘛，努努力还是有机会的！"她便去开导家里人，家里人也慢慢地宽慰了不少，也鼓励她好好准备，争取通过面试。

容容所考的单位这次一共招录三个人，最终综合成绩出来的时候，她正好是第三名，把一家人都给高兴坏了。

当她告诉我这个好消息的时候，我真心替容容感到开心。回头想一想，这个世界不就是这样：当你满心欢喜时，它就会突然毫无防备地给你一记重锤，可当你觉得坚持不下去打算放弃的时候，突然再给你送去无限的希望。就像坐过山车一样，失望和希望就在你心中的天平上，你的心态就是你的砝码，你愿意把你的砝码放在悲观的天平上还是放在乐观的天平上呢？

当你经历过这些事情以后，不管你遇到的是困难还是不公平的待遇，你都需要选择乐观，让自己的内心变得更加强大，你才可以以此来抵抗外界所带来的打击与考验。

每个人都是不断地在黑暗和光明中成长，当遇到棘手的事情时，我们全身充满了负能量，甚至喘不过气。给自己的心里减减压，允许你偶尔悲观，但也只能是一首歌的时间，别让自己长时间逗留在悲观的情绪中。乐观，可以带领你向着光明的方向前进，并且怀揣着乐观走在路上。

这个世界很大，太阳无法照射到每一个角落。对于我们来说，我们可能无法改变什么，但我们可以调整自己的心态，如果你心中怀有一片光明的世界，那么我们有理由相信，我们是可以通过自己的努力把眼前的这片世界变成自己心中的那个洒满阳光的美好世界的。

悲观的人只能看见灰色

没有人希望整日沉湎于悲观的情绪，但人生不如意之事十之八九，我们生活在这个世上，难免会遇到不开心的事。尤其是在 20 岁出头的年纪，谁也无法真的做到"不以物喜，不以己悲"，我们总会觉得自己处于被动的状态，这时候悲观的情绪就会油然而生。但我们更应该用乐观战胜悲观，磨炼自己的性情，而不是一味地消极和颓废。

刚刚毕业参加工作的时候，我们往往会不太适应。李成毕业之后就回到了家乡，那是小兴安岭深处的一个小城。可是，工作了一段时间后，李成却觉得这份工作实在是没什么前景，大概也不会有什么大的发展。李成想要到外面闯荡一番，可是想到那样奔波不定的生活，也并不一定会给自己带来多大的改变，现在虽然发展不顺，可最起码能够保证自己的温饱。想来想去，李成决定请假出去散散心，排解一下烦闷的情绪。

李成来到一个表叔家里，那里其实离自己的家乡并不远，在一座深山之中。山里的人们总是特别地热情，这位表叔更是如此。热情的招待让李成感受到了温暖。住了一天之后，表叔就想要带李成到山里玩玩，见识一下山里的事物。

两人在山里转了很久，才终于发现了一只狍子，因为觉得新鲜，李成开始追赶那只狍子，狍子迅速地逃走了。李成跟着表叔一直追过了一个山头，那只狍子累得跑不动了。表叔和李成也是一屁股就坐在了地上，李成本来想着监视下狍子的动静，表叔却说："不用看了，它也累得不轻呢。"一看，狍子果然趴在地上喘着粗气。

休息了大概一刻钟后，一只狍子、两个人又开始一前一后地追起来。跑一阵歇一阵，直到天色暗了下来，表叔说先回家去。

第二天一早，李成就又跟着表叔来到了昨晚的地方，那狍子竟然真的没有走！于是，昨天的那番追逐的情景又上演了一遍，追了半天的光景，狍子终于倒在地上，再也跑不了了。李成很疑惑，这只狍子为什么有一个晚上的时间却不跑呢。表叔说："我们山里人都叫它们傻狍子，明明有机会逃命，但只要没人追，它们就会傻傻地歇着。"

这对于李成而言，真是一声当头棒喝，自己不正是这样一只"傻狍子"吗？明明才刚毕业，却要偏安一隅，留恋于一时的温饱，而懒得出去闯荡。李成回到小城之后，就立马辞掉了现在的工作，去外面的天地闯荡生活了。

其实，我们大多数人都是如此，因为一时的挫折，而陷入悲观的情绪中无法自拔。上学时因为考试失利就自暴自弃，毕业后因为难以适应新生活而自怜自哀，工作时又因为事业不顺而自甘平庸……当人们陷入悲观时，往往会否定整个世界、整个未来，即使是窗外的绿叶，在悲观的人眼中，都泛着朦胧的灰色。

悲观的情绪往往会随着挫折而生，但人生在世，不如意的事是每个人都会经历的，不会有人一生都是一片坦途。短暂的悲观是正常的，但如果沉湎于此，那真是愚蠢至极了。事实已经发生，就已经无法改变，一味地为既定事实感到忧愁，甚至否定自己的过去和未来，那我们的人生，连十之一二的如意事也会消失不见。

"宠辱不惊，闲看庭前花开花落；去留无意，漫随天外云卷云舒。"我们会因为电影中的一段悲伤故事而落泪，但观影之后，我们又能笑看自己的人生。而我们的人生就如一场戏剧，当我们的人生遇到不如意时，何不乐观对待，将那些不如意之事看作有趣的戏剧片段，回味品尝呢？

何必让琐事扰了你的心

天下本无事，庸人自扰之。我们总是会因为这样那样的事，产生烦恼的情绪。"无事是贵人"，如果我们能够不去计较那么多、牵挂那么多，我们的人生也会顺畅许多。

不管是商场精英，还是艺术界新星，或者平民老百姓，我们似乎都有着"自扰"的情结。我每次来到珍妮的家里，都会为她那一尘不染的屋子而惊叹，对她的家务能力大加赞赏，她家那些精美的桌布、精致的饰品，更是让我心生向往。直到有一次，我应邀来到她家吃晚饭，她在桌布上又铺上了几条纯白的毛巾，她10岁的小女儿在一边说道："妈妈，你不用再担心我弄脏桌布了，我已经不小了。"这时，我才为自己那"脏、乱、差"的小屋感到自豪。最起码，我可以尽情地弄脏家里的每样东西，也不会防止朋友给自己的那些桌布上增添几点污渍，而那些"污点"中也都存在一段段美好的回忆。

我想着珍妮平时经常和我说起的那些话题，"某某公司爆出食品安全问题了，少在外面吃东西""某某软件又出现病毒了，小心账户被盗""某某孩子考试考砸了，真担心我的女儿啊"……我突然发现，她每天都在为不同的事情担心着，她为什么就不能乐观地看待事情呢？

可回头一想，我自己又比她好到哪里去了呢？我每天在镜子前面花费那么多的时间，看眼角又多出了几条皱纹、额头又长出了几颗痘痘、裤子又紧了几公分，花费那么多钱去买护肤品、化妆品，防止自己变老、变丑，这又何尝不是在庸人自扰呢？难道人生不是健康、快乐就好吗？我用那么多时间去关注这些无所谓的事情，还不如多去看看人世间美好的事物，欣赏大自然的美景。

虽然有了这样的觉悟，可真要切实地做到，也并不是那么容易，毕竟，这么多年来，我已经习惯了去担忧一些事。直到我的另一个朋友乔治因为心力衰竭住院了，我才真正克制了自己那些多余的担忧。

乔治是一个工作狂，他总是为自己的工作感到担忧，"如果我今天能够把手头的工作做完，我就可以给自己放个假，不用再担心啦！"我每次劝诫他休息一会儿时，他总是会这样说。但事实却是，每当他做完一项工作，他就会立马投入到另一项工作中。越来越激烈的竞争环境使得乔治完全无法让自己歇下来。当他躺在病床上终于能够休息时，他才知道，自己为这一切付出了多大的代价。

当我们为了不确定的未来感到迷茫、担忧时，让我们大声对自己说一句："担心什么的都见鬼去吧！"我们在这个世界上生存得越久，我们担忧的本事就越强。无论什么事,我们都能够将它想得复杂至极。

万事万物的发展都有自己的规律,我们常常会感叹,在这样一片天地间,人的力量是多么渺小。我们很难改变事物的发展方向,当然,这并不是说,我们要放弃努力、放弃奋斗。我们在拒绝庸人自扰时,也不应臣服于命运,而应该欣赏命运,带着快乐、乐观的心态去看待遇到的每一个变化。

对未来的些许担忧是必要的,因为未来真的不会是一片坦途。然而,我们也不需要放大这种担忧,回想一下我们过去的人生吧!我们曾经遇到过那么多次自以为跨不过的难关,也曾经那么多次对自己的人生感到绝望,可一切都过去了,我们现在仍然生活得很好!当未来显得迷茫、无望时,不用怕,也不用想太多,冷静地看看现实,做好手头的事,一切都会顺利地迈入到下一个阶段!

每个人都应有所希望

希望对于每个人而言，就好像骨骼支撑着肌肉、精神支撑着身体。没有希望，人生就如行尸走肉，失去了意义。当我们处于悲观的阴霾中，不知前路何在时，正是希望给了我们前进的动力和战胜一切的勇气。

我有时候躺在床上，看着天花板，想着明天出门就会看到一箱金子放在门前、看到一堆追求者等着我选择，但我知道，这不是希望，这只是幻想。每个人都应该有希望，但这份希望应该是有分寸的，它不会像天边的云彩一样无法企及，也不会像河底的淤泥没有多大意义。当我们为人生奔波劳累时，停下来天马行空地想象一番，自然会有一种喜悦。但心中的那份希望，却不是没有边际的。

每个人都不会只有一个希望，我希望身体健康、工作顺利，我还希望经济繁荣、社会和谐，我希望亲朋好友的希望都能够成真。但我不会只是躺在床上想着自己的这些希望，有时候，希望多了，人却懒了，希望就一直放在那里，自己却只是想着。这样的希望不会有任何结果，只是一团空想。

每个人的希望其实都会受到很多因素的影响，我们自己的生活水平、人生态度，我们所处的环境、亲友的期待……希望对于人生应该是积极的，但总是有人陷入"希望越大、失望越大"的怪圈，于是，我们害怕去希望。我们开始克制自己，告诉自己，没有希望就没有失望，人生也因此变得悲观。

有时候，我们占尽了天时、地利、人和，却不知道怎么利用，充足的资源在手边，却仍然坚持着走一步看一步。有时候，我们分明样样都缺，却希望样样都完美，一次性获得所有的成功。

我刚到上海时，希望能够找份工作稳定下来，养活自己；我也希望能够生活得更加滋润些，不让家人担心，也不让自己在朋友面前失去颜面。于是，我在一个小公司苦苦地熬着，每个月拿着4000块钱的薪水，勉强应付了房租、生活之后就所剩无几。但正是那剩下来的钱，我需要用它们把自己打扮得光鲜亮丽。我办了几乎所有银行的信用卡，我置办了用来装饰自己的所有衣物，然后每个月应付超额的账单。偶尔回趟家，我会给父母带去各种礼物；和朋友聚会，我不会计较花销多大；等到一个人的时候，我却要节衣缩食地生活。

后来想想，我的那段人生是那么地"拧巴"，我的希望几乎都实现了，却没有给我带来任何的快乐。从我希望开始，就注定了我会经历这样的一段人生。想要有一份维持生活的工作，过上潇洒的生活，这种希望是多么地可笑！4000块钱怎么能过上40000块钱品质的生活？在那段时间里，我哪里是在为希望奋斗，我根本就没有了希望，我只是苦苦地煎熬着。

希望应该是积极向上的，应该是让人欣慰的。可我那时候，却用那种可笑的希望束缚着自己，停不下来，也走不下去。后来的我痛下决心，要做出改变。倒不是因为看开了,而是那样的生活真的是维持不下去了。我用了一个晚上的时间,就想清楚了。人何必要跟自己过不去?我开始去买一些便宜货,也开始拒绝很多邀约。我用了一年的时间,还清了所有的账单,也将精力投入到工作和自学中。我的生活也终于走上了正轨,一切都有序地进行了下去。我的希望也变得更加俗气,我希望身体健康,我希望工作顺利……

每个人都得有所希望,但希望应该是理智的,它们能够促动我们积极向前,却不会成为我们前进的绊脚石。希望会有很多,但不会一成不变。我们不断地实现希望,又再次希望,也正是如此,我们才能享受人生!

多爱自己一点点

人生总是有失败、有成功，没有人能够永远成功，也没有人会一生都失败，区别只在于二者所占比例如何而已。失败从来都不是可耻的，自古英雄不以成败论，而在于其过程。谁能够更加勇敢地面对挑战、更加理性地面对挫折，谁就能成为人生的赢家。

很多人因为失败而郁郁寡欢，那其实是对自己的虐待。就好像我们找工作时，面试官更在乎我们的工作经验，而不是工作成败。丰富的经验比顺风顺水的人生更重要，而人生的经验其实更多的就是由失败累积而成的。每一次失败对于我们而言，都是一次不凡的体验，正是因为这些失败，我们才能一步步地走向成功。

我曾经也尝试过去攀岩、登山，而在这些过程中，踏脚石永远是最重要的。没有一块块石头用来着力，我们就不可能攀登到顶点。很多人将人生比作登山，而失败正是其中的一块块踏脚石。这些石头或许很不显眼，但没有它们，我们就无法前进。

善待自己，就是要正确对待失败。我们总是羡慕别人的成功，但大多数人的人生之中，其实都是失败多于成功。没有人可以一步登天，而那些失败正是我们拾级而上的基石。不要害怕失败，也不要为失败而气馁，它们是我们人生中最珍贵的财富之一。

人生苦短，每个人的人生都是有限的。想要让有限的生命绽放出更美丽的花朵，就不能将时间浪费在缅怀失败上。这个世界对每个人都是公平的，每个人的一天都只有 24 个小时，而我们所获得的一切都是以时间作为代价的。

我想，人生之中，大概没有什么东西比时间更加珍贵的了吧。再多的财富、再大的权势，也无法换来更多的时间，而没有了时间，财富、权势也都将沦为粪土。我们每天都会用吃饭、睡觉的时间换来生存；用工作、休闲的时间换来生活。但每个人的时间都是一样的，但它们却又是不等价的，有的人的时间只是用来虚度，有的人却利用它们获取成功。

善待自己，就是要珍惜时间。珍惜时间，不仅是珍惜自己的时间，也是与他人分享时间。如果自己的时间只是用来为自己服务，那未免太过自私了。朋友伤心难过时，我们不妨花费一些时间去安慰；父母孤单寂寞时，我们更要花费一些时间去陪伴。若要说自己爱着什么的话，那最起码的要求大概就是分享时间了。

太多的人用一生的时间去追求得到，但我们得到的只能保证我们存活于这个世上。真正让我们的人生有价值的，却是我们所付出的。我们总是斤斤计较着怎么去获得，但却不会注意怎么去付出。

我总是为我过去的"势利"感到羞愧，我竟然不曾对陌生人绽露过笑容，也不曾无所求地付出过。我们的一生都在接受着别人的付出：父母的养育、朋友的支持，可我却未曾为他们付出过什么。我心安理得地享受着这一切，却将自己的时间更多地用在自己身上。

善待自己，就是要善待他人。生命中有太多的人需要珍惜，为什么不为那些爱着人多付出一些？单方面的付出总是不会长久，如果我们不能真心为他们付出，他们也会离我们越来越远。我们往往更习惯于物质化的付出，给父母带礼物、请朋友吃几顿饭，然而，对于他们来说，感情的付出更为珍贵！

即便无人安慰，也要自己取悦自己

我常常在想，生命里有那么多的悲伤，如果父母、朋友都不能给自己安慰，我要怎么才能冲出悲伤的束缚？想来想去，说到底，当自己无所依靠时，就只能依靠自己，让自己取悦自己。

很多人会说我是一个古板的人，我很少开玩笑，更不会给周围的人说笑话。直到有一天，不知道为什么，我的心情十分糟糕，而我周围的那些"开心果"却都不在身边。于是，我来到镜子前，拿着一本笑话集，声情并茂地对着自己讲笑话，我竟然被自己逗乐了！那时候，我才发现，原来我也可以是一个幽默的人！

人生活在这个世上，如果没有了笑容，生命将多么无聊啊！无论我们多聪明、多有成就，如果失去了笑容，那真是再糟糕不过了！我也常常会做出一些蠢事，我总是为自己的那些无知、失误感到羞愧，可事后再想想，那些所谓的糗事是那么有趣。毕竟，有那么多人因为我的出糗被逗乐了，我自己为什么不为之感到开心呢？

　　自嘲是十分有趣的一个生存技能，适当的自嘲，能够让我们自己走出难堪的情绪，也能够让别人的嘲笑无处下手。有时候，我觉得我们生活得实在是太累了，我们那么严肃地对待生活，生活也不会开心吧？要取悦自己，怎么也得先把那张正儿八经的面孔抛弃了，让自己少些面子上的负担。

　　当我们走路跌倒时，何必要急着爬起来跑开呢？坐上一会儿，笑笑自己的愚蠢吧！当我们说了蠢话时，何必要急着去解释道歉呢？骂骂自己，让别人尽情地取笑自己吧！我们总是会犯些小错误，分明都是些小事，我们自己却耿耿于怀。跌倒了急着爬起来，结果又跌了一跤；说了蠢话急着解释，结果越说越错……小错说不定就变成大错了，越想逃避却陷得越深！

　　人生偶尔犯些错是正常的，何必让这些小错乱了自己的阵脚？笑一笑，承认自己的错失；也让别人笑一笑，从自己这里获得快乐。这不就是我们一直追求的"双赢"吗？诗人惠勒也曾写道："欢乐时，这世界将与你同欢；泣泣时，你就只能独自饮泣。"让这个世界和我们一起享受快乐吧！

　　我们愿意与自己爱的、爱自己的人分享喜悦，但却不愿意他们为自己的伤心而伤心。而关于其他那些人，何必管他们呢？别总是和自己过不去，就好像港剧里常说的那样，"做人嘛，最重要的就是开心了"。想个法子让自己从伤心变成开心吧！这个世界这么丰富多彩，难道就没有一样事物可以让我们开心？我们的感情那么丰富，难道就那么让伤心成为唯一？

当我一个人的时候，我最喜欢做的事就是幻想。天马行空地随便想想什么，有些人认为这是浪费时间，然而，幻想却让我的人生变得更加开心。幻想就像是我自己编导的一部电影，我可以尽情地营造其中的场景，这次在火星，下次却在深海；这次我是智者，下次我是个战士。我也会想象十年后，自己与爱人生活在一栋温馨的房子里，逗弄自己可爱的小孩，与父母一起欢笑一堂。而当电影谢幕之后，我都会为自己的"成就"会心一笑。

之所以有人说幻想是浪费时间，大概是有太多人沉迷在自己的幻想中。有些人因为现实世界的辛苦，宁愿活在自己虚构的世界中。这其实是在逃避生活，阿Q的人生几乎都是在自己的幻想中度过的，但他被打还是被打、被欺负仍然是被欺负。

我喜欢幻想，因为幻想能够缓解我在现实生活中的压力；但我更喜欢现实，因为我所爱的、爱我的都存在于现实当中。亲爱的朋友们！当我们感觉找不到快乐时，就让我们沉浸于自己的幻想之中，为自己创造一些幸福吧！当那些不开心都挥之而去后，让我们为了幻想中的幸福继续努力奋斗吧！

第十一章　拒绝浮躁，让你活得更加惬意

有时我们越是想要将事情办得更好，想得就越来越多，
反而让思维变得烦琐杂乱起来，以至于自己手忙脚乱。
其实，解决问题的办法很简单，
不让杂乱无章的思绪扰乱自己的工作与生活节奏，
厘清自己的思路，工作和生活自然得心应手。

放慢自己匆忙的脚步

是不是已经不记得上次让自己放松是什么时候了，大脑时时刻刻处于高速运转状态，长时间保持这样的状态，会让人感到疲惫不堪。没有好的状态，做事就不会有好的效果。不妨慢一些，看看从指尖穿过的阳光和风，闻一闻花朵盛开随风送来的香气，过度匆忙会让人感觉到紧张，就像一只没有壳的蜗牛。找不到合适的节奏就会乱了自己的脚步，一切就会乱了套。

周一早上7点，闹钟准时响起，仿佛就在睁开眼的那一刻，人就被上

紧了发条，神经开始高度紧绷。

每天按照固定的习惯，在吃早餐的同时快速地浏览了新闻，装扮后出门，一路上思量着一天甚至是一周的行程安排，时间节点、工作节奏、接触对象、交流方式。

一周总是在忙碌中很快地度过，和好姐妹小P酝酿安排了很久的周末小假期如期而至，迫不及待地带上行李赶往目的地小山城古镇。

小山城恬淡舒适，是个宜居的地方。春末夏初的时节，碰到了阵雨。雨后出门散步，山城的空气特别清新，春天里的花香，嫩草新叶儿的清香，让人神清气爽。路人悠然自得地漫步在小街道上，满脸的闲适。老人怀抱着咧着嘴露出两颗下门牙笑的小婴儿，特别逗趣儿。抬头半眯起眼望向天空，很蓝很洁净。

趿拉着木质拖鞋，我和小P在青石板路上走着，享受着这小城镇里的安宁，将平日工作、生活里的一切繁杂浮躁抛诸脑后。走累了，在一家干净的小烧烤铺坐下，老板娘笑脸相迎，笑声爽朗，热情大方地招呼我们入座，身边是一个壮实黝黑的男人，想必是她丈夫，开始为我们的到来忙碌着。来上一碗比电影《芙蓉镇》里更好吃的米豆腐，配上几碟老板娘自家做的爽口小菜，店里只有我和小P，我们一边吃着，一边和老板两口子闲聊着。

老板娘说几年前她每天推着木质平板车在小镇里的每条小巷叫卖新鲜蔬果，而她丈夫那时候还只有一个1平方米大小的烧烤摊。两个人也没想过要赚多少钱，每天起早贪黑，安安心心地卖新鲜蔬果和经营小烧烤摊。四五年的时间，他们有了自己的铺面。水果就在铺面里出售，还能一边做烧烤生意，不用再推着平板车满镇跑，烧烤摊也再也不用担心下雨无法正常出摊了。家里还有两个孩子，一家四口过着安静恬淡的生活，一切都似乎井井有条，简单而幸福。

宁静的日子总是过得很快，不知不觉到了傍晚，起身告别善良健谈的老板娘一家，坐着最长线路的小巴士转悠，一路看着窗外掠过的街道，看到的是满眼的绿色和火烧云般的晚霞。车厢内飘过来一位老人点的老式烟草的味道，并不呛人。路边逐渐亮起的路灯，有着古老的门窗的店铺，一家瓦罐汤店的老板娘倚在门边静静地发呆。想着这些小贩们每天的生活不过是这样日出而作、日落而息，每日周而复始；而我们，每日西装革履，高跟鞋配上精致的妆容，烦恼也不曾停歇。不免让人对比两种截然不同的生活。

我们有多久没有放慢自己的节奏了？

比如说，停下来憧憬下未来的生活；停下来去看看天边的彩霞；停下来躺在草地上看看满是白云的蓝天。

这些日子以来，已经想不起上一次憧憬美好是什么时候了，不免有时也会觉得生活有些乱。终日都是忙忙碌碌，人容易变得急躁不安，一急躁就容易出错，反而吃了很多亏，走了不少的弯路。不妨把思绪放慢一点，想想来时的路，道理也能领悟到不少，在曲曲折折的道路上一步一步、不慌不忙地走着。甩开一身急躁，找准自己的节奏，按照正常的节奏来生活吧。

不要让繁忙琐碎缠绕

　　为了避免自己工作起来忙乱，让工作更加有条理，作为年轻的管理者之一，老板在进行经验交流分享的时候，让我把自己的一些工作方式与习惯和大家分享。在我与大家分享的时候，我说自己的方法其实很简单，我习惯每天提前一刻钟左右到达办公室，并不急于去开始一天的工作，而是根据昨天工作的完成情况，把今天的工作进行罗列，并且将所有的工作按照轻重缓急进行时间的分配，然后把日程安排在记事本上做好记录，毕竟好记性不如烂笔头，在下班之前，对当日完成之事进行回顾及反思，并查看每天的工作计划有没有都按照正常的安排进行，这样也不怕遗漏了工作没做，一天也会过得忙碌而充实。有时兴起，还会对近期工作情况和感受寄情于纸笔之间，做—思考—记录—提升，这样出来的成果才是真正属于自己的。还记得几年前刚进公司的时候，为了巩固业务知识，晚上 12 点还在熟悉技能要点，以此辛苦的付出换得了业务技能名列前茅的结果，也曾为了记录经验教训而奋笔疾书至凌晨。虽然这样，但是却不曾感到疲倦，也不曾察觉早已夜深人静，仍沉醉在工作所带来的乐趣中。

　　工作之外则是我热爱的生活。拥有良好的工作习惯，我自然也有自己热爱生活的方式。熟悉我的同事和朋友们都知道我习惯在下班之后，尽量不谈工作，如果是和同事们聚在一块的时候，我还会提醒大家不谈工作，就轻轻松松地享受生活，享受工作之外的时光。而我自己更愿意远离电脑、网络、电话，喜欢自己独自在家里练上一天的钢琴，酣畅淋漓、大感快意。我也是标准的爱吃喝玩乐的主儿。用双腿去丈量祖国大好江山的美丽风景是我的梦想，一步一步地走街串巷去寻找不起眼儿的美味小吃是我最爱干的事。我很享受带朋友一起去享受美食的快乐，在个人空间里面晒晒所遇见的好吃的、好玩的图片，经常会接到朋友电话，要我推荐各类有名的特色小吃。在工作之余，如果接到朋友这样的电话，我会很乐意地向朋友介绍，如果碰巧大家离得不远，那就择日不如撞日，叫上三五个朋友小聚上一番！

　　朋友们常常觉得我精力总是很充沛，不知疲倦，不管是工作上，还是生活上。其实秘籍很简单，厘清思绪，不要让繁忙琐碎的事务缠绕着大脑即可，手忙脚乱是无法处理好任何事情的。不要让混乱的思绪打扰了自己的工作与生活节奏。工作得尽心尽力，生活得充实有趣，这才是现代人追求工作与生活的最高境界。

不放过任何一件简单的事情

能左右你自己生活的，不会是别人，永远只会是你自己。虽然出生决定起点，一生中各种选择决定了发展的方向，但心态可以说是决定了你的生活。不要怕麻烦，就怕你不愿意去做最简单的事情；不怕走得慢，就怕不愿意走；不怕不如意，就怕想不通。如果能把做简单的事情都看清楚了，认真去做了，那么你的每一个决定，都是在为自己的未来进行创造。人的命运都在自己手中，别把自己的人生当儿戏，不放过任何一件简单的事情。

最近因为公司文件需要寄出去的特别多，所以一来二去，便和经常跑我们这栋楼的快递业务员熟络了起来。因为这个业务员姓夏，戴着一副眼镜，人看起来也有些憨厚，所以大家都亲切地叫他"夏师父"。有一天周末，因为平日还有工作没完成，所以周末便到办公室干活。碰巧，遇见了夏师父来公司，我顺口问一句："夏师父，今天公司都休假，还有快件要送吗？""是这样的，我身后这个小伙子是新来的员工，然后跟着我们一块体验体验，看看自己是不是适合这个岗位。人看起来还不错，这不正好是周末嘛，客户也不多，活不多，不耽误事情，所以带他来认认门。"正好我事情做得差不多了，在等一个文件传过去审核，就和夏师父一路聊了起来，夏师父让新人去整栋楼其他公司看看情况，在等新人认门的空当期，我和夏师父就很熟络地聊了起来。

夏师父告诉我区域里面很多业务员都是他带出来的，要不是有他在，区域内里面好多新人在遇到困难的时候都不知道怎么处理，而他都会手把手地把自己的经验传给徒弟。夏师父说，最起码、最简单的，作为收送服务的快递员，背上的大背包都背不好的话，怎么去为客户做好服务，怎么去保证不出错，又怎么去保证能传、帮、带新人。

夏师父干快递这一行快七个年头了，之前也干过其他的工作，最后觉得收送快递这个工作他挺喜欢的，一干就这么些年。如今他已经是一个优秀的老师父，他告诉我他已经连续几年被公司里评为优秀员工了。他认为从新员工成为一个老员工，更甚者成为一个绩优员工，都与每个师父教授给徒弟的一点一滴有着密切关系。对于传、帮、带每一个新人，他都会倾注很多心血，他带出来的徒弟个个都是业务能手，有好几个现在也是绩优师父。说到这一点，他脸上一副特别自豪的表情。

他认为业务知识、操作技能是可以慢慢积累和不断提升的，但是每一个新员工初到伊始都是从零学起，从注重每个细节开始。他苛刻地要求每个新快递员都要先从背包学起，从最简单的做起。记得有次我去仓库里等一个非常急的快件的时候，正好看到夏师父正在检查当时带的一个徒弟刚刚收回来的快递件。很多快递员正准备出门去派送刚到的一大批的快件。一个新业务员急急忙忙就准备骑车出门，背上的包盖没扣好，而且还是单肩背着，夏师父立马叫住这个新快递员，很严厉地说："照照镜子，你出去为客户服务，代表的就是公司的形象，你看看你这个样子，你认为你这样合适吗？包不扣好，不怕弄丢了客户的快件？单肩背着包，像话吗？把包背好了，态度端正了，习惯也会好了，自然出问题的情况也就少了！"几句话说完，好几个也要出门的快递员都立马停下急匆匆的脚步，把自己肩上的背包好好检查了一番，在仪容镜前整理了着装后才出门去。

夏师父说像我们这些老客户都挺信任他们的，客户把物品托付给他们，无疑是出于对他们的信任，也许客户的物品并不是什么特别贵重的东西，但是对于客户而言，或许意义是非同寻常的。

也许很容易忽略掉这一点，如果我们快递员的背包看起来很脏、很破旧，如果我是客户我就会想："你这个快递员这么不讲究，我把我这么重要的东西交给你，我能放心吗？指不定东西就坏了，就丢了。"要真是出了问题，那就是对客户的不负责任。

夏师父说，当他还是学徒的时候，他的师父的很多工作行为和习惯都非常打动他，到现在他都记得。当时有个朋友说寄过一个类似水晶的物品，因为情况很紧急，夏师父的师父虽然当时已经下班了，但还是带着夏师父一块赶到了客户所在的地方。当时夏师父看到客户要寄的东西是极其容易摔碎的东西，所以一直都不敢出声，更不知道这个东西要怎么下手去包装。夏师父的师父可能看到了夏师父的犹豫，所以干脆自己动手来包装这个极其容易坏的物品，夏师父就看着师父熟练地把东西一点一点包装好，并且外面还用了各种保护措施以防万一。包好之后，还很仔细地和客户核对了运单信息，忙活了好久才包装完，夏师父都看到了师父额头上渗出了一层细密的汗珠。自从有了那次和师父一起收件经验之后，夏师父认为快递员的服务应该是最细致贴心的，这些细致贴心都来自于平时工作中积累下来的每一点每一滴。

每次见到夏师父，都能看到夏师父把一套工装穿得整整齐齐。他说不管别的，只要是刚来的新员工想要独立进行作业，那首先就得把最美好的形象展示出来。其实他们为客户打造的优质服务在于每一个细节，每个学徒都可以将绩优师父的优良风格进行传承，出门前，是不是习惯性地检查了自己的着装、工装、工帽、背包、车辆是否干净整洁；在面对客户的时候，是不是有与客户核对客户寄出去的东西、数量，要寄到的地方是在哪里。多一分耐心等候，多拨打一个电话；收回快件后，不清楚的地方，是不是马上去请教师父；每一张运单的边是不是都有整整齐齐地放在一块。这些都是一点一滴最简单的事情，只是在于你怎么去做，有没有去重视。

如果你简单，这个世界就对你简单。简单生活才能幸福生活，人要知足常乐，宽容大度，什么事情都不能想得太繁杂，心灵的负荷重了，就会怨天尤人。每天简简单单的，看看路边的绿草地，小孩子简单快乐的笑脸，其实一切都是那么地简单而美好。

只要内心平和，宁静就无处不在

在当下这个社会，我们总是希望取得成功。什么是成功？我们整日徘徊于各种社交场上，工作时要处理好与同事，尤其是上级的关系；工作之余，也要参加各种社交活动，结交更多的朋友。

如果我们站在闹市的天桥，俯视路过的人群，或许会发出这样的疑问："那些人那么匆忙，究竟都要去做什么？"有时候，其实我们自己也不知道自己究竟在做些什么，我们只知道，大家都在这样做，自己再不抓紧做，就来不及了。而究其原因、究其本质，却没多少人知道一个究竟！

宁静，是我们对生命的一种态度。在这个色彩斑斓、光怪陆离的世界，如果我们能够静下来，在阳光明媚的一天，找一个僻静的公园，在一个有树荫笼罩的座椅上，读一本喜欢的书，看一眼自然的闲适，或许会对生命有不同的感悟。"曲径通幽处，禅房花木深"，生命的激情或许让人心动，其中的宁静也有着另一番趣味。当我们靠在躺椅上，听着音乐、发着呆时，有人会说这种生活多无聊、多无趣，可等到他们唱歌、聚餐、旅游回来之后，却往往拖着疲乏的身子，抱怨着好不容易的休息时间又把自己弄得这么累，而我们却已经摆脱了工作的疲累，享受到了生活的安宁。

宁静对于很多人来说，意味着平凡，意味着庸碌。在当今的社会中，我们似乎只有到了古稀之年，才有享受宁静的资格。可当你为某个成就得意时，或为某个挫折失落时，不妨停下你急躁的脚步，停下来看看蓝天白云的宁静，看看雨打芭蕉的清新，你就会发现，生命之所以美好，并不是因为那些绚烂的烟火，而是那些平凡祥和的点点滴滴。

很多人会抱怨说："我们何尝不想'行到水穷处，坐看云起时'，但还有那么多事要做，城市里又哪有宁静的地方？即使是那些自然名胜如今也充斥着各种喧嚣。"但真正的宁静并不只存在于"水穷云起"中，而是存在于每个人的心中。林徽因曾说："真正的宁静不是避开车马喧嚣，而是在内心修篱种菊，尽管如流往事，每一天都涛声依旧，只要我们消除执念，便可寂静安然。"我们也知道"大隐隐于市"的道理，只要有一颗平和的内心，宁静就无处不在。

宁静是我们取得人生成功的必由之路，无论是物质上的富有，还是获得内心的安逸，非宁静无以得之。"来时无迹去无踪，去与来时事一同。何须更问浮生事，只此浮生在梦中！"如果一直沉湎于社会的喧嚣之中，我们只会变得越来越浮躁，越来越肤浅，最终成为一个碌碌无为的人。只有一颗宁静的内心，才能让人了解生命的悠远和旷达，才能在厚积薄发中，实现"鹰击天风壮，鹏飞海浪春"的豪迈。

时刻抱有淡泊之心

似乎从很小的时候，我们就已经听说过"淡泊以明志"的圣人教诲，可是，想要在那样的年纪明白"淡泊以明志"的含义实在是有些困难。而随着年龄的增长，我们越来越难以做到淡泊，淡泊名利、淡泊欲望，这些都成了难以实现的圣人之言。

然而，淡泊并不是无欲，人作为一种高级动物，不可能不对名利有所追求。其实，从某种意义上来说，人类之所以能够发展到如今这样的地步，不正是因为那些无穷尽的欲望吗？淡泊名利并不是不追求名利，而是不要成为名利的奴隶。很多人为了获取名利而不择手段，甚至放弃了人类的社会属性，而运用所谓的"丛林法则"，在名利场上"弱肉强食"，最终成为一个纯粹的欲望动物。

人生在世，如果只是为了获得名利，那人生也未免太过悲凉了。我们并不是要成为孔孟那样的圣人，但如果能够对别人多一点关爱、多一点帮助，维护、弘扬人生中美好的事物，谁又能说这不是一种名利呢？

每个人都有自己的志向，会用各种方法运用自己的能力、资源，去实现自己的理想和追求。但有的人却在自己的追求之路上迷失了自己，他们在追逐理想时肆意妄为，有时也显得贪得无厌，等到欲望满足时，更是趾高气扬，希望将所有资源都聚集在自己身边。这样的行为往往只是损人不利己，最终一事无成。

　　淡泊并不是无为，有些人一生庸庸碌碌、得过且过，然后美其名曰"淡泊以明志"，其实这只是一种自我安慰，就好像鲁迅笔下的阿Q。淡泊其实是一种理智，人之所以区别于其他的动物，正在于其拥有理智，不会被动物本能所湮没。

　　我们要淡泊，就是要拒绝各种的诱惑，坚持自己内心对真、善、美的追求，而不是心安理得地同流合污。

　　淡泊以明志，就是告诉我们，明志要以淡泊为前提。无论我们追求什么，都要坚守自己的正义。如果我们成了名利的奴隶，难道我们还能说自己的志向有多么伟大吗？我们不妨扪心自问，不断追逐名利，自己的内心真的能够感受到快乐吗？

　　周总理说，"为中华之崛起而读书"。现如今的我们很少会有这样的理想，我们都很清楚地知道自己为什么读书。因为读书才能立足于社会，因为读书才能够成就自己，因为父母、社会、国家让我们去读书。可是，抛开这些，仔细想一想读书到底为我们带来了什么？因为读书，我们才能有生存的必要常识；因为读书，我们才能从先人那里汲取智慧；也因为读书，我们才有能力去追逐我们的理想和目标。读书不是让我们成为一个只有知识而无品德的人，而是以更加高远的志向，为自己、为他人、为社会谋取福利、创造幸福。

　　"海纳百川，有容乃大"，大海之所以能够包罗万象，正是因为大海愿意包容万物。自诩清高、挑剔苛求，只是给自己画地为牢。每个人都有着不同的成长经历，有不同的价值观、人生观，我们不能奢望每个人都能与自己志向相投，也因此，我们在对待他人的志向时要做到淡泊，做到宽容。

每个人在追逐自己的志向、对待他人志向的时候，都应该有一个底线。这个底线是国家的法律、法规，也是社会的人伦道德。只要是在底线之上，当别人因为无心之失，损害到我们的利益时，我们不妨尽量予以宽容。淡泊是一种宽容，但不是无条件地妥协、忍让或迁就。我们不应该故意伤害他人的利益，也不应该容许别人对自己故意伤害。

在如今这个竞争激烈的社会，适者生存、强者至上成为通用的法则。融入社会以更好地生存，成为强者以更好地生活，这些都是理所当然的。但我们要时刻抱有一颗淡泊的心，谦虚待人，学会欣赏和宽容！

平淡和普通才是人生真谛

从出生开始，我的人生几乎就已经被规划好了。从我出生到今天，中国已经发生了天翻地覆的变化，改革开放、经济全球化、金融危机……可我的人生轨迹却仍然沿着某条既定的路子不断地走着，没有什么变化。

对于出生那会儿的记忆，我大多已经记不太清了，但凭着仅有的记忆、家人的调侃，想来也不会与其他人有太大的差别。伴随着一声响亮的哭声，我降临到了这个世上，当时的周围大概围着一群人，有父母、有叔伯、有爷爷奶奶，虽然我那样用力地哭着，他们大概却是笑得很开心吧。

于是，我开始躺进母亲的怀抱里，喝了一两年的母乳，我就开始学习走路、学习吃饭、学习说话。一天一天地，我长得越来越大，我的容貌却像是注定了的，摆脱了"可爱"的形容词之后，就一直是那么一副不温不火的样子，没有多漂亮，倒也没有丑到不能见人的地步。

我的童年时期并没有发生什么令人印象深刻的事，与大多数人一样，我在长辈的言传身教下不断长大，有时候被丢在爷爷奶奶家，有时候被丢在阿姨舅妈家，与小伙伴们玩着跳绳、堆沙的小把戏，偶尔玩火、玩水，被父母发现也会遭到一顿责骂。

到了五六岁的年纪，我开始进入幼儿园，然后上小学、中学、大学，十几年的学习生涯也是那样按部就班地过来了。大学之前，我过着几乎都是两点一线的生活，每天往返于家与学校之间。周末、放假时，我也与一群小伙伴们到处玩耍，最为激动的时候是与心仪的男孩子躺在草地上晒太阳。中学的时候，我倒是想表现出一点特别的地方，让自己显得与众不同。可是，我运动能力不突出，学习成绩也只是中等偏上，那时候看过一些青春文学，就觉得自己比同学们更早熟一些，更有想法一些。但现在想来，那时候的自己其实与其他同学是没什么两样的。

经过高三一年的紧张学习，我终于开始了自己的大学生活。那时候，我就想着，我终于可以掌握自己的人生，成为自己的主人了，不需要被老师、父母控制了，可是，事实却并非如此，虽然做过一些兼职，挣了一点小钱，但还是会找父母要生活费，救济一下生活；虽然有时候连老师的名字都不知道，但辅导员、系主任有了什么召唤，自己还是得屁颠屁颠地跑东跑西。即使是成了学生会的部长、社团的骨干，无论自己有着什么特别的想法，其实与前辈们、同事们都没什么差别。

终于，我毕业了，我开始进入社会，开始了自己工作、生活。我选择在家乡之外的城市工作，因为我想，只要自己掌握了自己的经济命脉，没有了父母的唠叨，那么，我的人生就是我做主了。然而，现实再一次击败了我，我没有如想象中的那样，毕业之后遇到好的机遇，而"飞上枝头变凤凰"。刚出来工作时，我甚至难以维持自己的生活，想着各种各样的赚钱方法，而那些"小资生活"却一直没有来到，每天往返于公司与家之间，下班之后在菜场算着今天的菜价又贵了，自己做饭吃完洗碗之后，就已经感觉非常累了。于是，躺在沙发上玩会儿电脑、看部电影、看会儿书就乖乖地洗洗睡了。所谓的夜生活，从那时候开始，其实就已经成为了我生活的一种负担——累又花钱。

　　毕业了这么多年，与朋友们比比，自己的人生真的是平凡又普通。我想，即使再过上十几年，无论这个世界发生怎样的变化，我的人生也不会有什么特别的地方，我会抱着自己的孩子，辛苦抚养他长大，又开始为孩子的工作、婚姻担忧，直到安享晚年。

　　这大概就是一种以不变应万变的生活方式吧，我们很难拥有一段像电影中那样轰轰烈烈的人生。在自己的人生道路上，我们大多会选择步步为营，安稳地走完自己的人生。很多人将人生比作一台戏，我们每个人都想成为自己这出戏的导演，导出一部精彩的戏剧。但对于大多数人来说，我们的人生都显得平淡；而在我们自己看来，其中的酸甜苦辣其实只有自己才知道。

第十二章　想要更多，反而会让你越活越累

我们总是希望生活快乐多一些，烦恼少一些；好运多一些，困难少一些。
可是事情并不如人所愿，在有限的生活之中，
我们越是想要得到更多，越是失去的更多。
一味地想要得到不属于自己的东西，而使自己失去原本的幸福和快乐，
岂不是得不偿失？

你知道自己要什么吗

思维逻辑不清晰，胡子眉毛一把抓，分不清楚主次，会让人找不到重点。什么都想要，但是不知道从哪里下手，看似什么都抓在手里的一切，其实都不属于你。真实地面对问题，从根本下手，确定自己想要的到底是什么。

如果你想做一个自由自在的旅行者，那么请你保持充分的热情和勇气，接受旅途中可能出现的一切困境，例如穷困潦倒，无人救助，不要想着有谁什么都帮你安排好，你自己不动一点儿脑筋。如果你想成为艺

家，那请你提升自己的艺术修养和培养自己的艺术情操，并且要能忍受成为大家之前的沉闷孤独，不要指望凭借一点所谓的天赋就能完全让你功成名就。

不要指望生活给你带来一切，现代社会工作、生活压力日趋增大，大多数人都会说自己的工作很忙，下班了之后还不一定能离开单位，加完班到家已经累得倒头就能睡着。有很多想做的事情，却总觉得没有时间去做。经济紧张想做一份副业缓解，又觉得平日上班太累了，工作之余需要放松一些。这个世界不是围绕你转，每一个年轻人都是从很累很辛苦的日子走过来的。加班加点甚至半夜通宵都是常见的事，人前的轻松其实在背后是需要付出很大的努力，轻松和付出不可能同时兼得。这个世上没有白白赚来的钱，付出的辛苦也不会白费。因为太忙太累需要给自己放假，吃好喝好睡眠充足，又期盼工作轻松，赚钱又多还丰富好玩，这样的好事恐怕不多吧。你想要的太多了，不设法取得一个平衡，结局就会与你当初所设想的相去甚远。从你想要的东西去下功夫，拼命努力，都是可以看得见成果的。

小雨大学就申请去了法国，后来自己开始做研究、做课题，虽然无法避免地需要承受远离家乡的苦楚，但是整体学术的氛围和自由惬意的生存环境让小雨还是感觉到自在。每周都会固定和妈妈进行视频，聊聊近况，母女俩一直都像姐妹一样亲密，小雨把谈了一段日子的男朋友拉上和妈妈视频聊了一会儿。虽然是视频，但是小雨似乎也察觉到了妈妈脸上表情微妙的变化。小雨借故把男朋友支开，继续和妈妈聊起来，还没等她开口问，小雨妈妈就开腔了。

"摄像头是不是有点故障呀，你这个男朋友我看起来怎么觉得不是很帅呀？"

"嗯，确实长得比较普通。"

"那是不是真人不露相呀？快跟我说说他是不是非常内秀，或者很有经济头脑？"

"嗯，我想想看啊，好像没有特别出众的地方。"

"那我就奇了怪了，你怎么选中他了？"

"应该就是喜欢他那份干净阳光，在一起轻松自在的感觉吧……"

虽然小雨知道妈妈相信她一个人在国外这么多年，生存能力不会弱，但是多少还是有些担心，希望有个成熟稳重、各方面条件不错的男士来照顾她。但是她知道这些物质或者外在的东西她就算只靠自己，到一定年龄就都能够拥有，但是这种轻松和快乐却不是那么容易获得的。

小雨并不贪什么，从来没想过什么都要，什么都抓在手上。只是会去分辨什么是自己想要的，什么是自己努力能够得到的。这样一来，她觉得过得非常踏实安稳，不用终日紧紧张张，惶恐担忧。

就算是因此错过了些什么，她也不会觉得可惜，因为她想要的她已经得到了。

攀越到高山的顶峰会很快乐，但是也许让你真正快乐的并不是爬到这座高山的顶峰，也许半山腰的风景就是让你真正快乐的原因。在这里获得了满足，即使你知道爬到山顶也许会有更多的美好时，你也不会再去过于追求。哪怕身边无数的人说山顶的风景是多么地美丽，你不去是多么地可惜，这些都已经不重要了。了解自己所想要的，你就会收获你的快乐。

开始了就要坚持走下去

人生就是一个不停坚持的过程。不停地坚持成长，换以成全长大的期望；不停地经历岁月的考验，换取成熟的智慧；坚持在喧嚣中保持自我，换取心灵的平静。不是你开始的越多就代表你成功的越多，而是最后你坚持完成了多少才等于你的成功。

接到尚庆的短信说她开始每天坚持跑步锻炼身体，我回了一句"坚持几天了？"马上接到回复"三天了"，"好，继续坚持，一个月后看看你的锻炼成果。"我按下发送键，将鼓励的信息传送过去。

想起自己也办了健身年卡，后来才觉得办那玩意儿真的没用，并且一个在健身中心做过经理的朋友说，办年卡的人中有70%的人一年只去健身一两次，都是开始积极性非常高，但是坚持下去却很困难。

人，都是喜欢开始，并且在开始的时候处于相当兴奋的状态，信心满满地觉得自己一定能坚持，实际上却很少有能坚持下来的。我没有直接跟尚庆表达这样的想法，因为我自己也有过这样的情况，所以希望她能努力坚持下来。

很久之前和不久之前，都下过几次决心要好好学习英文，提高自己的英语口语水平，一来是自己比较喜欢语言，二来是自己热爱旅行，国内走过的地方多了，慢慢地想到国外去走走看看。可是如今我的英语水平依然原地踏步保持原样。计划总是很多，书准备了一大堆，给自己安排任务每天要熟记多少个词组、句、段。刚开始的一周还煞有其事地做着，后来慢慢地，书放在手边都懒得去翻动了。每次打算继续的时候，就会发现前面的根本都记不住了，又得从头来，所以就这样，书永远看的就是前面那十几页。在学英语这个事情上，纵使有千万个计划，但是不管是哪一个计划都只是做了一个开始。以后我不断地进行着开始，却没有一个能完成。

其实热衷于不断开始的人不在少数，经常见的就是办健身年卡的，学习各种语言课程的，计划旅行的和节食瘦身的。所有的这些学习计划因为各种原因而没有坚持下来。到头来说，还是在开始，并且当这个开始没有持续的时候，近乎没开始过。

制订一个计划并且开始执行的时候会让人心情非常愉快，我想大家应该都体验过这种美好的感觉，觉得生活从此开始改变，力量都有使不完的感觉，整个人的面貌焕然一新，但是持续进行的计划实施过程却是令人颇难坚持。久而久之，很多人不得不悄然放弃了这个开始，并且筹备着下一个开始。就这样，进入了一个没有尽头的恶性循环之中。每个计划开始时的兴趣带来的热情只是最初的火种，想要形成燎原之势还需要我们持续不懈地投入，能不断地取得阶段性小成果才能让人有信心，觉得能一定实施下去。

不管是对待事物或者感情都是同样的，见过有情侣恋爱谈了七八年后分手的，坚持感情或许更是一件不容易的事情。

当我们做长期计划和目标之前先了解自己为什么要做这个，想要达到一个怎样的效果，对于所制定的目标是不是在可以合理接受和完成的范围内。就拿学英语来说吧，现在很多人都热衷于看美剧，那么在看的时候就可借助娱乐同步进行提升。

把眼光放得长远些，虽然现在每天的坚持让人觉得有些难熬，但是可以想象一下，完成梦想的那一天肯定是美好的。通过自己的努力获得的快乐是任何快乐都无法比拟的，这是一种送给自己的美好。

失去的另一边也许就是得到

有失必有得，得失总平衡。要相信一切都是公平的。或许当初那样热衷追求的，现在看来不过是一笑而过。人的一生美好而短暂，如果一生匆匆而过，岂不是让自己的生命留下了太多遗憾？不要最终因为没有得到生活中应该珍惜和享受的，而失落与追悔。人只有在生命的尽头，才会懊悔。对于得失，保持一种平常心，得到则好，未得到，则放开或者继续努力。

小良是我看着成长起来的一个不错的干将。刚进公司的时候，他还只是一个很普通的客户代表，记得那会儿他还只是个实习生，后来因为实习期表现优异，毕业后，就被留在了公司。年轻人总是有着无比新奇的想法，所谓初生牛犊不怕虎，但凡看到公司有其他岗位，他都会想要去尝试。看他问津过 4 个部门的不同职位的时候，我觉得似乎这个年轻人需要厘清一下思路，否则在未来将不会知道自己能得到什么或者会失去什么。

偶然间听说他将要换到市场销售的岗位，他自己很高兴，能做一些相对比以前高级一点的工作内容，待遇也会提高一些。但是没过几天，我又知道了，因为他总是抱着什么都试试的态度，所以尝试了各个机会。市场部门的领导觉得这个年轻人有些不成熟，还需要磨炼，所以在还没正式宣布他的调动之前，取消了原本调动他的计划。

当知道这个消息之后，小良瞬间像被电击了一样，半天都没有说出话来。随后自己默默地离开人事办公室，回到自己的办公桌前，又接着愣了一会儿，仿佛才回过神来一样。虽然是个男生，但是这种深受打击的滋味仍然不好受。

虽然小良不是我的下属，但是觉得这个年轻人还有一定的潜力。在一天午休的时候，我叫他到我办公室来聊了一会儿。看到他仍然是一脸沮丧的样子，我跟他说："小良，可能这几天的事情让你经历了一些起起伏伏，看你的样子是不是还没能调整过来？"小良不置可否地点点头。我问他知道原因所在吗？他又无可奈何地摇摇头。我问他是不是同时向几个部门提出过自己想要转变岗位的意愿，他有些惊讶地点点头望着我，意思是问我怎么知道。我笑着说："你这样做我可以理解，因为刚出校门的学生什么都好奇，什么都想尝试，觉得自己什么都能做，也什么都不怕。但是不知道你有没有站在管理者和公司的角度来考虑下这个问题。你确实具备一定的潜质，但是你广撒网，会让人觉得你不懂得取舍，对于自己未来的职业规划道路也不清晰，没有自己的目标和方向，难以让人委以重任。"我说的话他似乎听懂了一些，有些迟疑地点点头。我接着说："基层分部的王经理现在需要一名助手，如果你想换环境的话，可以考虑去学习锻炼。"到底还是个年轻人，小良听到还有其他机会的时候，马上恢复了神采，连忙答应说："好的，我自己稍后就去联系下王经理。"

在接下来两年多的时间，我也不时地会关注小良的成长情况，似乎他到了基层分部干得还不错。整个人的思路像是开阔了很多，干起工作来也是非常有目标和方向。经常能听到王经理夸他是得力助手。王经理看到了这个年轻人两年多的努力，把他提拔为基层分部主管，小良也觉得受到了肯定。当我接到他的电话时，他说："小苏姐，我觉得当时我没有成为市场部的一名成员虽然有所失落，但是我在基层分部锻炼的这两年多的时间，也让我得到得非常多，学到了如何处理各项疑难问题，也收获了一群关系非常好的朋友。这些所得让我觉得非常值得。"我很开心，小良自己能在不断地磨炼中成长，我继续鼓励他说："你还可以做得更好，我期待着你更好的成绩！"

又是两年的时间过去，市场部门需要从内部选拔一名市场经理。这时候我了解到小良提出了自己的意向。这时候的他比三年多以前要成熟稳重很多，在公司内也学习积累了很多，可以说是做好了充足的准备来争取自己想要的一切。

果然，最终他获得了市场经理的位置。当宣布了人事任命之后，他马上跑到我的办公室来，激动地对我说："小苏姐，我成功了！谢谢你这几年来对我的教导和指引。"我笑着对他说："不用谢我，你自己明白了怎么权衡得失，自然就能找到你适合走的最正确的路，这些成绩都是你应得的。恭喜你能够如愿得到自己曾经想要得到的，并且期待你在新的岗位上取得更大的成就！"

我们的人生就像天平一样，总是需要保持一种平衡的状态：一边是失去，一边是得到；一边是耕耘，一边是收获；一边是物质，一边是精神；

一边是自己，一边是他人。这个世界上没有那么美好的事情，不可能把所有的好事都让你拥有，当然，也不可能把所有的不幸都塞给你。看淡得失，寻找人生中的最佳平衡状态。

享受自己所拥有的幸福

"曾经有一段真挚的爱情放在我的面前，我却没有珍惜。直到失去之后，我才追悔莫及。如果上天再给我一次机会，我一定会对那个女孩说三个字'我爱你'。如果一定要给这个承诺加上一个期限的话，我希望是'一万年'。"——当至尊宝对紫霞仙子说出这段话时，不知道有多少人为之落泪，而我们自己又何尝不是如此？

生命终归是美好的，有太多的幸福可以享受，可我们总是抱怨快乐太少、烦恼太多。在这个社会，我们总是为了得到更多而让自己陷入烦恼苦闷之中。有了钱想要更有钱，有了房子想要更多的房子，有了名利想要权势……其实，当我们回首自己走过的人生时，我们总会发现，我们曾经拥有过那么多的幸福。无论是一个微笑、一句问候，还是一束鲜花、一滴泪水，它们都曾经给我们带来那样别致的感受，而这些都是珍贵的财富。再看看如今，我们真的拥有的太少吗？或许我们没有花不完的钱，但我们有稳定的工作；或许我们没有自己的房子，但我们有幸福的家庭；或许我们受到过太多的委屈，但总有人会给你安慰、给你力量……

我们有太多的追求，也正是这些追求，让我们更加努力地工作、生活。然而，即使有那么多的追求还未成真，但我们其实已经拥有了许多。我们总是如此，拥有的却不珍惜，将一切视作理所当然，可当我们失去了，我们才明白其中的珍贵，而再要去追回，而结果往往却是"覆水难收，后悔莫及"了。

春去春会重来，花谢花会再开。很多东西似乎永远不会失去，就好像无论怎么吵架，父母还是自己的父母，伴侣也还会陪在自己的身边。但事实上，人生中有太多的东西稍纵即逝，失去了就不会再回来。今年的春天过去了，明年虽然会再来，可过去的时光却无法挽回；父母虽然会一直疼爱自己的孩子，但年迈的父母终归有逝去的一天。当我们习惯了这些事物的存在，却在某一天突然失去了它们，我们也只能独自在心里为之后悔、惋惜、哀叹。

我过去时常会想，幸福究竟还有多远？我以为当我考进名校，我就会得到幸福；我以为当我升为高管，我就会得到幸福；我以为……可我最终发现，其实，幸福一直就在我身边。虽然我没有考入名校，但十几年的学习生涯已经给了我太多的惊喜与骄傲；虽然我还没升为高管，但多年的工作经历也让我实现了自己的价值与成就。有时候，当我想起小时候与小伙伴在"秘密基地"玩着泥巴，想起躲着老师与那个男孩手拉着手，那些冲动、那些意外，都让我不禁咧嘴一笑。有时候，当我在地铁上因为回忆趣事止不住地发笑时，看着周围那些疑惑、嫌弃的眼光，我就更加开心，这些人生活得多无趣啊，整日板着一张脸，为什么不能享受自己拥有的幸福呢？

"恩爱仇怨两面刀，荣辱成败都为名。春夏秋冬谁能定，风风雨雨总要晴。"不要总是抱怨自己拥有的太少，羡慕别人拥有的太多。别人家的花不一定香，自己家的植物也不一定就不会开花。"知足者常乐"，我们拥有的可能很普通、很平凡，但这些平凡、普通的事物也许正是别人所苦苦追求的。如果人必须经历过失去的痛苦，才能体会到拥有的幸福，那未免也太可悲、太可怜了。

我们有时候就像一只追着自己尾巴的猫，我们因为追不到而苦恼，却没想到，尾巴其实一直长在自己的身上。我们所一直苦苦追求的，真的是我们心中的幸福吗，还是别人对幸福的定义呢？幸福其实是一种感觉，一种私有的感觉，没有人可以定义别人的幸福，但有一点却是适用于每个人的，懂得珍惜，珍惜自己拥有的，生活就会更加快乐，人生也会更加美好。

越是想要得到就失去越多

刘倩是我大学时的寝室好友，也一直被我看作值得学习的榜样。在大学四年的时间里，刘倩成绩优异，获取国家励志奖学金；参加学生会，成为学生干部；组织社团，成为社团带头人；申请入党，成为共产党员；参加各种活动，拿到各种证书；毕业之后，在银行里找到一份工作……

对于她的成就，我一直感到惊奇不已。所谓人无完人，而刘倩竟然能在大学四年的时间里，在各个方面都有所成就。她的经历一直使我怀疑，鱼与熊掌真的不可兼得吗？从进入大学开始，我就清楚地明白，大学并不只是学习的地方，"两耳不闻窗外事，一心只读圣贤书"已经成为过去。

人们常说，大学是半个社会。事实也确实如此，在大学里，我们住在寝室，需要处理寝室里六个人之间的关系；我们生活自理，需要对拿到的生活费进行合理地规划；我们更加自由，但也受到更多的束缚。

大学除了用来学习更加专业的知识之外，其最大的功能就是锻炼我们各方面的能力，而参加学生会、社团的活动无疑是最好的锻炼机会。大一刚进学生会时，我们做的都是比较琐碎的工作，而一年之后，我们的机会就来了。换届选举，是我们体现自身能力最好的机会，如何在一年的工作中脱颖而出，都得看我们自己。换届选举胜出之后，我们就要招揽新一批的委员，并处理好部门与学生会、学生会与分管主任之间的关系。这一整套流程，完全可以看作是工作晋升的简化版。

但学习与工作之间永远存在着矛盾，很多人放弃学生会、社团的工作，因为这太耗费时间，无法集中精力在专业知识的学习上。但刘倩却近乎完美地解决了这个问题，她虽然只是学生会的部长，但平时也有大量的时间耗费在了学生会工作中；而且，在大二时，她还与几个同学合作创办了社团；但她的成绩却一直出色，奖学金总有她的一份儿。这正是我羡慕她的原因，我在大学四年里，虽然每样都有涉足，却都没有取得什么突出的成就。其实，大学时的我更多地将自己的精力花费在各种兼职上，挣了些小钱，有了一点工作经验，但真要说锻炼出什么能力，我想还是微乎其微的。

直到大四快毕业时，我们寝室聚餐，我对刘倩大夸特夸，问她怎么能做到"鱼与熊掌兼得"的。她却沮丧地告诉我这四年她浪费了太多的时间。我很疑惑，她分明得到了那么多，而且还有银行的工作作为出路。但她却说:"我这四年太多的时间耗费在了学生会、社团上,为了保证成绩,我空闲的时间也都是在自习室度过的。可是,四年下来,我却没有交到一个真心的朋友,而我也没时间和你们好好地相处。而且,银行也不是我喜欢的工作,其实我更想考研,然后出去闯一闯,给别人打工算什么出路呢?可是我哪有时间去考研?这四年的经历,几乎是我自己把自己推进了银行里。"

这时,我才明白,鱼与熊掌真的是不可兼得。虽然刘倩得到的那一切都让我羡慕,可我也很满足自己这四年的大学生活。我交到了好几个可以相处一生的朋友;我能够用我那些不多的工作经验,更好地适应现在的工作;我可以肆无忌惮地出来闯荡,因为我没有背负一张那么好看的简历……

但我想,刘倩应该也是满足的。这四年的大学生活给她带来了太多的成就,她能够轻松地取得别人梦寐以求的工作。而这份工作给她带来的除了稳定的生活,还有一段美满的姻缘。虽然与最初的想法有所出入,虽然还有很多东西没有得到,但她毕竟已经得到了那么多。

勇敢并智慧地做出选择

人生在世,最无法逃脱的两个字就是——选择。我们几乎每天都在做出各种各样的选择,无论大小如何、重要与否、艰难程度,我们总是要选择失去什么,来得到什么。这也就是上节所说的鱼与熊掌不可兼得,我们总是要在鱼和熊掌之间做出一个选择。

人这一生，几乎没有什么是无法选择的，除了自己的出身之外，我们需要在各种事物之间做出选择。痛苦与幸福，我们自然会选择幸福；痛苦与更加痛苦，我们就只能选择痛苦；爱与被爱，倒是一个艰难的选择题；健康与财富，更是让人感觉缺一不可。

　　很多人害怕做出选择，因为他们难以在各个选项之间做出取舍，而每个人的人生也正是建立在这些选择之上的。每个选择之间总是有这样那样的矛盾，让人望而却步、无所适从。

　　这个世界很大，但每个人的舞台却很小。我们无时无刻不被各种框框束缚着，而其中又似乎有着各种各样的出路。我们永远不知道哪条路通往哪个方向，下一步又是否有更大的舞台等着自己。但我们知道的是，如果不走出这一步，自己就只能停滞不前。

　　选择是一道难题，而放弃则是一种智慧。在生活中，我们总是遇到那么多的"不得不"，我们不得不放弃很多东西，而这些放弃似乎并没有让我们得到什么。我们不得不面对夕阳西下，不得不面对生老病死，不得不看着一样样事物离我们而去……在那么多的人生选择之中，我们有时候似乎没得选择。然而，换一个角度，我们可以选择的就是放弃。放弃休息，获得的是丰富的知识；放弃悲伤，得到的是内心的安宁；放弃不舍，得到的是前进的动力……

　　而在那么多"非左即右"的选择中，我们或许会左右为难、难以取舍，但我们必须迅速运用自己的理性、智慧去做出选择。人生的选择需要果断，就像我们来到超市，看着货架上的商品。我们或许会犹豫，这个薯片好吃、那个薯片实惠；这条毛巾漂亮、那条毛巾好用。有时候，我们明明已经把这个放进了购物车，最后却又回头选择了那个。在这个世界上，不会有一个完美的选择放在我们眼前。因此，当我们做出了某种选择之后，就要坚定不移地走下去，而不是在路上徘徊，又走上回头路，这只是浪费时间、精力。

在人生中也有太多的选择是那么地诱人，就好像有些超市标出特价的商品，我们都惊奇怎么会有这么优惠，但买到家后才发现它根本用不上，最后只是白白浪费了金钱。当各种选项放在眼前时，我们只需要考虑，哪个是我最想要的、哪个是最适合我的，而不是哪个看起来最诱人。当然，我们也会经常为做出错误的选择而懊恼、沮丧、后悔，但人生中总会有这样那样的缺憾，我们又怎么能奢求每个选择都尽善尽美呢？

亲爱的朋友们，让我们勇敢地面对人生，勇敢地做出选择！一颗勇敢的心，可以让我们的人生变得更加美好。只有做出选择后，我们才能看到下一段人生的绚烂，也只有勇敢地做出选择，才会让我们的人生勇往直前！

图书在版编目(CIP)数据

世界的模样,取决你凝视它的目光 / 田文著.—北京:中国华侨出版社,2015.7(2021.4重印)

ISBN 978-7-5113-5559-1

Ⅰ.①世… Ⅱ.①田… Ⅲ.①成功心理–通俗读物 Ⅳ.①B848.4-49

中国版本图书馆 CIP 数据核字(2015)第159008号

世界的模样,取决你凝视它的目光

著　　者	/ 田　文
责任编辑	/ 文　蕾
责任校对	/ 孙　丽
经　　销	/ 新华书店
开　　本	/ 710毫米×1000毫米　1/16　印张/16　字数/231千字
印　　刷	/ 三河市嵩川印刷有限公司
版　　次	/ 2015年8月第1版　2021年4月第2次印刷
书　　号	/ ISBN 978-7-5113-5559-1
定　　价	/ 45.00元

中国华侨出版社　北京市朝阳区静安里26号通成达大厦3层　邮编:100028
法律顾问:陈鹰律师事务所
编辑部:(010)64443056　　64443979
发行部:(010)64443051　　传真:(010)64439708
网址:www.oveaschin.com
E-mail:oveaschin@sina.com